常綠城市
CityTrop

常綠城市

地價高漲與氣候變遷下，
都市景觀綠化的設計規劃及實踐案例

喬納斯・萊夫 Jonas Reif｜著　　柯有遠｜譯

CityTrop:

Projekte und Pflanzen für grünere Städte von morgen

吳書原　　　　　景觀設計師、太研規劃設計顧問有限公司創辦人

城市人跟自然的關係

The garden provides an image of the world, a space of simulation for paradise-like conditions.—— Foucault
花園是世界上最小的一角，在這個角落卻有這全世界。—— 傅柯

公園對我們來說是什麼？

人類原本就居住在森林、來自洞穴般的庇護所，源於自然，在演進的過程，耗盡森林資源，因而發展出狩獵、探集、農耕等更有效率的謀生方式，而後因為群居而產生城鎮，因為集體防衛，而有城邦的出現，接下來因為基礎設施的建構，而有了城市，但人類總無法完全拒絕或逃離來自內心深處，自然野性的呼喚，因而有了公園綠地的設計。在歐美，公園綠地更時常伴隨著林間、荒原、野地的存在，英國倫敦的海德公園，紐約的中央公園，因其腹地廣大，大約都是16座台北大安森林公園的尺度，陽明山國家公園更被世界譽為最寧靜的都市公園，台灣物種豐富的程度，比起今年推動綠色城市不遺餘力的新加坡，更是有過之而無不及。

既然談到公園，即離不開植物群像，生長在這片土地，是否真正感受過這個地方，島嶼裡的山與海。台灣被譽冰河時期後，世界最為最重要的物種資料庫，超過10,000種植物，有5,000多種是原生種，植物的姿態萬千，劇烈的地形變化，也孕育了五種氣候帶以及世界上最豐富的植栽群像。

台灣這座島嶼有著年輕的軀殼、古老的老靈魂。在冰河時期（200萬年前～1萬年前）台灣特殊的地形、緯度、區位，讓島嶼的植物躲過惡劣的氣候，許多侏儸紀時期的植物物種被保留下來，如筆筒樹，多長於中低海拔雜木林、路邊或山坡向陽地段中，在約3億6,000萬年前就已存在，被稱為「活化石」。華盛頓公約已將它列為「二級稀有瀕危植物」，在台灣郊山野地卻隨處可見，對一個植物愛好者，生長在台灣無異是幸福且驕傲的事。

植物群相的豐富，讓台灣立足世界，在此我們也來認識一下台灣山野常見的原生植物。

慈菇 屬單子葉植物之澤瀉科，慈菇屬，為多年生宿根水生草本植物，又名茨菇、水慈菇、剪刀草、燕尾草、水芋……等等。在台灣野生慈菇為一般水田、灌溉溝渠內及山地水溝溪旁常見之水生植物，是台灣水田主要雜草之一。筆者曾經在一次植物野地採集，一腳踩進泥濘不堪的積水泥巴地，偶然遇見它的開花身影，非常驚豔，當時只留下影像，日後方知這是台灣原生種慈菇，已屬少見，所幸在建國花市再次遇到，當然所費不貲。

台灣澤蘭 台灣特有種，多年生直立草本。所謂的特有種，意指分布局限區域的物種。因與其他區域隔離的時間久，其內的生物愈容易因獨立演化而具有不同的遺傳特性而形成特有種。台灣由於與大陸隔絕有相當長的時間，因此物種特化而形成特有種。台灣澤蘭每個頭狀花序具有五朵花，花冠白至粉紅色，瘦果黑色有冠毛，為斑蝶類等昆蟲的重要蜜源植物。陽性植物，生性強健、生長快速。

綬草 台灣最小的平地野生蘭，綬草的花序很特殊，幾十朵小花呈螺旋狀整齊排列有如勳章的綉帶花紋，故名「綬草」，花形小巧玲瓏，只有米粒般大小，朵朵小花晶瑩剔透，有如水晶琉璃美得令人心動，近年因生態環境破壞，野生綬草難以覓得。綬草已經被列入《瀕危野生動植物物種國際貿易公約》（CITES）的附錄 II 之中。運氣好的話，在建國花市也可覓得它的身影。

台灣山菊　台灣特有變種的台灣山菊，在冬季是北部山區野花的主角之一，是極具觀賞價值的野花，台灣山菊在島內低海拔山區非常普遍。秋末冬初，陽明山各步道旁到處可見黃橙橙的台灣山菊在冷風中綻放。

芒萁　多年生蕨類，喜生長於向陽開闊地或林緣，植株橫走於土壤表層，生長快速，具良好的水土保持效果，也是火災後能快速復產的植物，孢子成熟期為每年6～8月，為先民編織生活容器的好材料。

水鴨腳秋海棠　生長於台灣全島低至中海拔的山地約200～1,500公尺處，多見於森林下或路旁。水鴨腳秋海棠是庭園觀賞的優良綠化植物。可食用，葉柄和莖吃起來有酸酸鹹鹹的味道，與酢醬草極為類似，可作為野外解渴的的求生植物，在陽明山二子坪步道隨處可見。

白茅　植物分類為禾本科白茅屬，多年生草本植物，廣泛分布於亞洲、非洲、澳洲等地區。在台灣多生長於低海拔地區山部至平野地區，常見在向陽的山腰、坡地、路旁、荒地等環境群生，極為抗風、耐旱、克服貧瘠土地，早期為先民搭建茅草屋的建築材料，亦可為藥用，白茅草根用於涼血止血，清肺止咳，主治熱病煩渴，近來時常作為園藝設計植物選擇材料。

狼尾草 台灣的狼尾草種原是1961年自菲律賓引進，經過畜產試驗所多年育種與栽培研究，陸續選育出各具特色的品種。狼尾草具有扦插繁殖、再生能力強、產量高，且栽培過程少有病蟲害發生的特性，可新鮮給飼或調製成青貯料餵飼動物。具抗風、耐旱特性，也是近來牧草芻料改良為園藝栽培、植物設計的典範之一。

海岸擬茀蕨 台灣原生蕨類，耐候性佳，不僅耐濕、耐旱，低光照可生長，全日照環境也能適應，且其株型直立，常見分布於海岸環境。相較於一般蕨類性喜潮濕，其耐日照特性，在蕨類物種裡算是相當特殊，亦可作為室內觀賞植物使用。

筆筒樹 長於中低海拔雜木林、路邊或山坡向陽地段中，在約3億6,000萬年前就已存在，被稱為「活化石」。華盛頓公約已將它列為「二級稀有瀕危植物」，在台灣郊山野地卻隨處可見。

血桐 血桐為最不耐陰的先趨樹種，必須有充足陽光才能生長，先驅植物就是一個新生環境中首先到達生長的植物，但它的葉子往往庇護了位於其下的喬木幼苗，但喬木（如山毛櫸、櫟樹、橡樹）漸大，遮蔽了光線，血桐便退場，完成了森林生態演替的先期重要角色。血桐在春季及秋季會各有一次花期，開花結果後是鳥類、松鼠的最佳食物來源之一。此外，它們的樹葉也是羊、牛或鹿愛吃的天然飼料之一。

目錄

實踐案例賞析 63

關於本書

　　科學家、城市規劃師與政治家一致認為，植栽能夠將城市變得更宜居。然而，大都市區域的快速發展導致空間的有限，因此引發了對於土地面積的激烈競爭，也反映在高昂且仍不斷上升的房價。

　　因此，深受都市居民喜愛且希冀的傳統公園建設也愈漸困難。而道路空間的樹木植栽也只能在市中心產生一定程度的效果。要讓市中心變得「更綠」，就需要其他新的方法來達成此目標。

　　本書不只希望透過圖像或語言來傳遞一般新一代城市綠化的靈感，也希望能夠透過最好的實務案例陳述具體的實現機會。同時也能清楚暸解，景觀設計、城市規劃與建築設計等專業領域在未來也必須更緊密地合作。如此也代表，為了改善「城市氣候」，我們必須加強整合私領域與半公共領域的植栽。而如果人們想要成功落實新的方法，那些在城市裡所使用的植栽種類就必須隨著景觀工程的技術知識拓廣。此外，相對的，高價值的植物就需要高價值且花費高昂的維護，當然也需要相對應的專業人員。

為何是「常綠」城市？

人們一般透過熱帶和熱帶雨林聯想特定的三個概念：

1. 存在感強烈的綠色──它能夠保持一整年的綠色調。
2. 不同物種的高度多樣性。
3. 特徵明顯不同於我們所熟悉的本土物種的「外來植物」。

隨著氣候變遷劇烈地來臨，在不遠的世代，中歐地區將有很大的機率能夠利用熱帶的原始森林。儘管如此，我們可以將這三種聯想理解成一種中心思想，藉此將城市變得更加宜居。此外，除了我們所熟悉的溫帶觀賞性植物與野生植物之外，許多來自副熱帶地區的耐寒植物也明顯地有助於增加大都市區域裡的植物多樣性與發展機會。

1910年亨利 盧梭所創作的「夢境（The Dream）」（現代藝術博物館，紐約〔Museum of Modern Art，New York〕）。自從1895年來，盧梭23次將異國叢林作為他的繪畫主題，並且在他的畫中結合了人類、動物與植物。雖然他本人從沒有造訪過熱帶地區，但是他的畫作傳達了典型的、有著幾近誇張效果的熱帶植物特徵。此外，盧梭也非常注重那些存在於熱帶植物的葉子中、那多變的綠色調──甚至在「夢境」的原作中可以發現超過50種。

編註：本書原文《City Trop》，在德文中Trop為Tropen的縮寫，意思是「熱帶地區」，中文版將其延伸轉化為「常綠」。

東京，一座擁有超過3000萬人口的巨型
都市，可以說是地球上人口最密集的地區
之一，即便如此，其中仍然存在著綠化
潛力（雖然這張圖片比實際情況來的戲劇
化）。

不一樣的城市

「打破舊思維」的城市綠地論述

當人們追求更多綠化時，往往指的是種植更多的樹木。而所謂「本土」植物在任何情況下都有可能是外來種，除非完全是當地區域內所需要的植物，甚至是透過相應的法律、規章去強制規範。當然，所有的植物都應該是「自然」的，或者至少應該看起來如此，不過有鑑於愈來愈侷促的市中心密度，這樣的要求卻有可能讓規劃師變得手足無措。那些藉由本土的（地域的）種子所傳播的本土植物，對於野生景觀來說非常重要，但是城市與野生景觀不同，必須根據更多的準則去評估設計。我們應該要拋開植物的來源背景，只根據它的特質進行選擇與運用，而毋庸置疑，我們不能使用會對本地的保育類植物群造成風險的植物。但是，究竟有多少的植物屬於「危險分子」呢？幾百年來，我們的園藝與栽培植物種類藉由「外來的」物種大量擴展，其中大部分已經以豐富且非壓迫性的方式融入生態系統，雖說如此，我們仍應該謹慎面對其中消失的少部分物種。的確，「本土」植物的平均數量有可能會持續增加，並且更少受到昆蟲與鳥類的侵擾，但是沒有一條規則沒有例外。此外，市中心的綠化大多集中在長期比較少植物生長的地方，也很少發生保育類植物在這受到侵害的情況。植物除了在都市生態上具有重要的功能之外，也應該刺激人們感官、吸引人們並使他們感到愉悅，而當印入人們眼簾的是植物多樣性、不同的規劃策略和植物世界多元的生活型態時，最能夠達成此目標。這也包括了人們要意識到城市中自生植物群的存在，了解並欣賞它們在艱困環境中所展現出的適應力，並且盡可能有意義地將它們納入設計階段。

當我們試圖在城市裡詮釋自然景觀，我們不會直接移植櫸樹林或是高山上的花海，而是要去營造完全不同的生物棲地。如此一來是不是就更有目的性地去服務那些也存在於當地的植物群呢？所以，我們不單單只是要營造異國情調，而是要有意識地去包容地方的特色。

另一個支持「外來種」的觀點：城市對於植物來說不僅僅是具有「不一樣」的生存條件，而且在建築上、社會上與文化上的結構都與鄉村相差許多。為什麼植物世界不能夠展現「不一樣的」面貌？以另一種方式來表達：舉例來說，我不會在野生景觀中或是在村莊裡運用竹子，但是這類植物在城市裡卻高度地適合庭院綠化。

埃里克·奧斯特（Eric Ossart）與奧納德·馬烏瑞斯（Arnaud Maurières）在巴黎的庭院裡運用了熱帶和副熱帶的物種，使訪客彷彿置身於城市綠洲。所有植物都能夠在受保護的環境中具有足夠的耐寒性，其中包括了海芋（Zantedeschia aethiopica）、日本芭蕉（Musa basjoo）與八角金盤（Fatsia japonica）。

願景與理想

儘管至今仍無法確切證實，究竟塞米拉米斯女王（Semiramis）的巴比倫（Babylon）空中花園是否真的存在，但是單從其名列世界七大奇蹟之一就足以證明它的魅力，以及自古以來人類對於景觀建築的感官需求。我們對於空中花園的認識與理解幾乎單單來自於二、三次文獻，這也是為什麼其中某些敘述互相矛盾也不奇怪。然而除了植物之外，幾乎所有作者都描述了該建築有趣的兩個方面：其中一個方面是結構與防水；另一個方面則是「隱形的」灌溉設備。某一派專家推測它是帕特諾斯特形式（Paternoster）的輸水電梯，而另一派專家則推測它是建築物裡內嵌式的阿基米德式螺旋抽水機（Archimedische Schraube）。儘管專家們興致盎然，考古挖掘卻沒有發現在古時候或是在接下來的年代裡有綠屋頂或是植生建築的建築熱潮。不過圖像與文字卻證實了，不

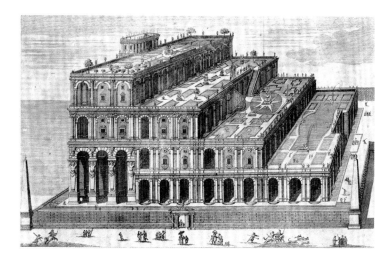

巴比倫的空中花園，既沒有確切的建築平面圖，也沒有任何圖像記載，卻一再刺激著科學家和藝術家的想像力。1721年，漢弗萊・普里多（Humphrey Prideaux）出版了《舊約與新約聖經（The Old and New Testament）》的德文譯書，而書中有一幅來自德勒斯登（Dresden）的格奧爾格・施密特（Georg Schmidt）的圖畫，據推測是因為作者創作的年代背景，所以圖中建築才會以巴洛克式的綠色建築呈現。而在其他藝術家的想像中，巴比倫的空中花園遠比其描繪的更加繁茂。

只在羅馬時期，包括文藝復興與巴洛克時期，人們都確實曾在屋頂種植植物。

1867年，柏林人卡爾・拉比茲（Carl Rabitz）在巴黎的世界博覽會中介紹了一綠化平屋頂，但是卻沒有引起迴響，也因此近代建築綠化的源頭大約要追溯至二十世紀初。當時在許多大城市裡，人們開始嘗試將植物融入建築外牆，舉例來說，在巴黎出現了一種階梯式建築，其創造的寬敞陽臺使人們有空間可以種植植物。此外，最早在一次世界大戰後出現在高層建築上的平屋頂，在之後也被應用於其他類型的建築，當時領銜的建築師如可布西耶（Le Corbusier）與葛羅培斯（Gropius）都曾倡導過平屋頂，用以換取額外的使用空間。1929年，位於柏林赫爾曼廣場的卡爾施泰特購物商場（Karstadt-Kaufhaus am Hermannplatz）開幕了當時面積最大的屋頂花園，雖然其面積達到令人印象深刻的4,000平方公尺，但是其中的植栽並不茂密。就其尺度與植栽質量而言，一直到幾年後才被倫敦的肯辛頓屋頂花園（Kensington Roof Gardens）超越，而肯辛頓屋頂花園如今也仍舊存在。由於高標準的結構要求、一再出現的防水問題與預算上的困難，也導致屋頂花園後來仍不普及。

長期以來，人們主要只將攀緣植物運用於涼亭、攀緣架或是單純作為裝飾，也因此垂直綠化的運用一直被侷限於花園設計之中。1938年，一名美國籍教授哈特・懷特（Hart White）獲得了「植生牆（Green Wall）」的專利，但是他的發明在最初如同拉比茲一樣，並未引起關注。直到1970年代，在石油危機以及逐漸增長的環境意識的影響之下，人們才開始持續增加對於建築立面與屋頂綠化的關注。此外，在許多的文章中也記載了建築外牆綠化對於都市生態上的優點：隔熱、製造氧氣、淨化空氣，動物的生存空間與隔音（雖然經常需要經過十年或是更久才能被科學家證實）。

1938年於倫敦開幕的肯辛頓屋頂花園(6,000平方公尺)十分綠意盎然。就連擁有許多大型樹木的「森林公園(Woodland Garden)」也找到了自己的專屬位置。

更多的光線、空氣與綠意：法國建築師亨利・索瓦奇(Henri Sauvage)為階梯式建築工法的擁護者之一。他在1913年於巴黎瓦文街(rue Vavin)所設計的第一棟階梯式建築，至今仍舊存在。

在1970年至1975年間，位於塞納河畔伊芙里(Ivry-sur-Seine)完工的複合式建築實現了建築師搭檔珍・瑞納迪(Jean Renaudie)與瑞內・格戶斯特(Renée Gailhoustet)的革命性概念。其前衛的建築所形式與其屋頂上所形成的自然產生了強烈的對比。

藝術家佛登斯列・漢德瓦薩(Friedensreich Hundertwasser)，又稱百水先生，他主張建築應貼近自然並符合人的需求。他經常在他的建築中結合樹木與綠屋頂；附圖為位於馬德堡(Magdeburg)的綠色要塞(Grüne Zitadelle)。

位於蘇黎世，於2002年開幕並獲得許多獎項的MFO公園（MFO-Park），其是否真正地引領了攀緣植物的文藝復興，尚有待觀察。

由埃德·弗朗索瓦（Edouard François）所設計的花之塔（Flower Tower）屏棄了攀緣植物，此建築也是在巴黎最早全面綠化的建築之一（2004年）。但是這棟建築的概念只有部分成功，原因也令人費解：也許是居民缺乏對竹子的熱忱、缺少維護又或是灌溉系統沒有正常運作？

城市街道公共設施製造商德高集團（JCDecaux），以概念性的候車亭點出了城市中尚未完全飽和的綠化潛力。

比利時建築師文森·卡勒波特（Vincent Callebaut）以「智慧城市（Smart City）」為主題，闡述了他對於2050年未來巴黎的願景。圖中深度綠化的產能建築（plus-energy buildings）特別引人注目。

在1980年代，許多大城市開始推動建築立面綠化與屋頂綠化的資助計畫。為了達成生態環保上的主要目標，在這段時間裡大面積的屋頂綠化開始蓬勃發展。由於較低的樓層高度連帶的使載重降低，如此在不改變結構的情況下，提高了每個平屋頂或是斜屋頂的綠化在理論上的可行性。儘管如此，高層建築的設計師仍然很難與「綠」共處，因為植物經常被稱為「建築界的香芹」，它往往只能夠「掩飾」拙劣的建築。而綠建築的批評者認為，當多年後建築結構上的損害變得明顯時，就能夠證明這一點。即使盡快地研究損害發生的原因並發展預防策略，成果終究來得太遲：1990年代初期，前十年的「綠化熱潮（Begrünungseuphorie）」已然平息。

為了促進生物多樣性，並且提升城市中的生活品質，在千禧年後的新政策以改善氣候變遷的角度制定目標，也將建築綠化的議題重新拉回焦點。在此期間，建築立面綠化與屋頂綠化也發展出了足夠成熟的系統。由派屈克·布蘭克（Patrick Blanc）所研發的「植生牆（Grünen Wände）」顯著地擴大了城市綠化的機會，即便因為高昂的預算，仍然有愈來愈多的建築師積極嘗試。我們也很難想像，在城市的未來願景裡沒有綠建築的存在。

想像就快成真：2018年，位於於倫敦泰晤士河，由奧雅納工程顧問公司所設計（Arup），植栽部分由丹·皮爾森（Dan Pearson）所規劃的花園橋（Garden Bridge）即將完工。

編註：因花銷及維護成本過高，本計劃並未實現。

「綠色城市」新加坡

在五十年間，新加坡成功從貧窮的開發中國家蛻變為具有高度國內生產總值的已開發國家。不過新加坡在1965年獨立後一直苦於土地資源有限的問題，也連帶地危及到國家的長期發展。儘管如此，具有前瞻性的新加坡政府仍化逆境為轉機。除了保護天然資源（能源與水資源）之外，創造與取得綠地也是他們的首要任務之一。由於嚴格的法律、稅收管理與經濟責任，使永續觀念在新加坡的城市規劃與建築工程中成為了非常重要的角色。「綠建築標章（Green Mark Scheme）」使社會大眾可以依據認證標章去評估一棟建築物的「綠化」程度。為了達到最高的認證等級「白金級」（Platinum），建築物的施工與營運在各個層面都必須將資源的利用最大化。當然，為了滿足高標準就必須嘗試新的方法，這也挑戰了建築師與工程師的創新能力，植物也因此愈來愈常被運用於建築上。一間總部位於新加坡的建築師事務所WOHA以其永續的綠建築作品聞名於全世界，並

且獲得了許多獎項。在2011年至2012年間，德國建築博物館（Deutsche Architekturmuseum）甚至以「會呼吸的建築」為名，展開了其建築師團隊的巡迴展覽。

如今，新加坡成為了一座不折不扣的綠色城市，儘管受制於熱帶季風氣候與高人口密度，仍然是最受歡迎的城市旅遊勝地之一。

如果人們將建築師對於歐洲和北美洲城市綠化的願景（詳見16/17頁），與這張來自新加坡的真實圖片做對比，就可以瞭解新加坡為何經常被作為都市區域發展的借鏡。此圖片為2009年開幕的伊魯瑪購物中心（Iluma Shopping Mall）。（建築設計：WOHA）

自2011年，佔地超過100多公頃的「濱海灣花園（Gardens by the Bay）」豐富了新加坡的天際線。其中爬滿植物的鋼結構「超級樹（Supertrees）」高度達25至50公尺。另外兩座溫室「花穹（Flower Dome）」與「雲霧森林（Cloud Forest）」的高度又比超級樹更高。而在「濱海灣金沙酒店（Marina-Bay-Sands）」的屋頂上不僅存在著世界上最高的游泳池，還擁有遼闊的植被景致。

被稱之為「超級樹（Supertrees）」的鋼構造垂直種植了高達一千多種不同的植物，而向上開口的漏斗能夠匯集雨水，並作為公園與溫室的灌溉用水使用。當夜幕降臨時，這些人工樹木透過燈光與聲音變換成另一種面貌。此外，遊客們還可以透過二十公尺高的觀景平台與空中廊道，以活潑有趣的角度體驗園區。（設計：Grant Associates）

為了提升生活品質，人們在新加坡幾乎不會放過每個將植物融入開放空間的機會。

新加坡藝術學院（SOTA〔School of the Arts〕）是新加坡最早擁有幾乎全面覆蓋的綠化立面的建築之一，而其立面是由種植於花盆中的攀緣植物所構成的。（建築設計：WOHA）

紐頓軒豪宅（Newton Suites）擁有大面積的懸挑陽台與樹木植栽，我們也可以將其視為米蘭垂直森林（Bosco Verticale）的前身之一。其密集的綠化植栽，弱化了整棟建築在視覺上的存在感。（建築設計：WOHA，2007）

建築作品「北運河路48號（48 north canal road）」展示了如何透過簡單的手法去提升街道的品質：透過低樓層中簡單的立面凹凸變化，創造空間並進行巧妙的綠化。（建築設計：WOHA）

於2013年開幕的新加坡皇家公園酒店（ParkRoyal on Picke-ring），也許是WOHA有史以來最壯觀的建築作品，其清楚地展示了當代建築如何在不同層面與植物互動。

從飯店房間望出去（非比尋常）植被景致。幾乎沒有其他照片能比這張曾在無數雜誌上發表的照片，更能夠闡述綠色巨型都市的理念。

城市的生存空間

人們對於城市的生活品質有許多不同的看法，但毫無疑問的是，在過去的一百年裡各地的生活品質已經普遍有所提升。儘管現在的空氣中仍然含有大量的空氣懸浮粒子與氮氧化物，但是透過觸媒轉化器與過濾器，以及在工廠向郊區遷移的情況下，空氣已經變得相當乾淨。此外，其他生物在城市中的生活品質也比大眾的印象要好得多。由於空氣中的含硫量下降，某些過去長時間消失的特定藻類與苔類，又在中歐的都市區域內重新出現。歸功於城市結構的異質性，使城市提供了許多生存空間與角落。因此，我們在都市區域裡觀察到的、由動物與植物所展現的高度「自然」物種多樣性，絕不是偶然。

然而，也因為城市中的某些特性，使生物適應城市（生存）成為一種挑戰。首先，如今市中心很少具有未開發的土地。好幾世紀以來，由於人類不斷的耕種使土地產生劇烈的變化，土地也不再具有過往森林與草地中的土壤生命力。狗尿液與融冰鹽甚至在某些地方累積至有毒的濃度，地下水位也因人為的介入普遍明顯降低。最重要的是我們從150多年前開始觀察到的城市氣候特徵。城市是一座熱島，其平均溫度（取決於城市的大小）已經變得比郊區還要高攝氏2度（在某些夏季夜晚甚至測量出高達15°C的溫度差）。此外，在某些市中心的庭院中，其冬季最低氣溫甚至比郊區的庭院還要高出10°C，霜凍期的長度也明顯縮短（-30%），植物生長期更因此平均延長了10天左右。

樹木貢獻了樹蔭並且透過蒸散作用降低氣溫，
然而它們卻始終沒有足夠的生長空間。

由於城市中的霧霾現象，日照時間與紫外線曝曬因此減少，而相較於夏季來說冬季更是有著明顯的變化（分別為-10％與-30％）。城市高溫化主要是由於建築物表面的輻射能轉化為熱能釋放所造成的，但是由於植物的蒸散作用嚴重減少，以及燃燒過程中釋放的熱能所導致的冷卻效應匱乏，也是造成城市高溫化的原因之一。所有這些問題都有可能對人類與自然造成壓力，但是相反地，對於適應力強或者適合在這種氣候下生存的植物卻是有利的。人們也藉由對植物的深入研究與汰選獲得了知識，並且透過這些知識瞭解如何以植物生物技術的方法或是合適的植物物種選擇，來更好地應對這些城市環境，或至少可以平衡其中的缺點。

將氣候變遷視為轉機

與過去十萬年的數據相比，很多人都只將近幾個世紀以來顯著的氣候變遷與全球暖化劃上等號，但是在某些人眼中這些影響卻是正面的。然而，在大氣中可測得的二氧化碳含量不斷上升也產生了許多影響，其所造成的負面效應是無庸置疑的：（極端）風暴、強降雨事件與旱季的增加。儘管因為普遍的全球暖化趨勢，研究專家仍未排除未來極端寒流來襲的可能性。而人們如何藉由植物來應對這樣的變化？專家們幾乎一致認為，想對抗氣候變遷所帶來的負面效應，具有豐富物種多樣性的植被就是最好的保險。

在許多城市中，行道樹種類一直都以特定的（極）少數物種為主。而在全球暖化與全球化加深的影響下，由於植物缺乏基因多樣性，也導致有害的昆蟲與菌類數量輕易地增加。即使中歐許多地區未來的冬季氣溫預期會來到零下二位數，但是隨著已被證實的、更長的植物生長期，我們也已經可以運用某些幼齡時期在秋季需要特別長時間發育的樹種。一般來說，較短的霜凍期也適合許多副熱帶的物種。即便不能排除未來發生晚霜的可能性，但是專家認為，植物普遍提早發芽所導致的危機是可預見的。一言以敝之：如今，我們在中歐地區可以運用的植物種類已經比大眾所想像的還要多得多。

如今，我們已經可以在許多中歐城市的市中心看見來自副熱帶的合歡（Albizia julibrissin），但這並不只是因為氣候變遷的關係。透過合適的土壤以及選擇特別耐寒的栽培品種，也使它可以運用的潛在區域顯著地擴展。然而，在選擇植物之前一定要根據真實的地理位置進行評估——如俗話說的，驕兵必敗。

發掘與活化開放空間

雖然住宅愈蓋愈高，住宅與住宅之間的空隙也愈來愈少，我們仍然能在市中心找到空間提供給城市居民活用，並且運用植物美化空間。發掘與活化這些表面上看不見的空間也成為了景觀建築師、城市規劃師、建築師與其他相關領域最重要的任務之一。接著我們就要判斷這些空間能否長期使用，例如屋頂空間、建築物之間的縫隙或是內院，又或者只能夠短暫使用，而後者適用於未來短時間內可能會開發，或是未來使用性質仍不明確的土地。

此外，在許多公共空間或是停車場之中，也存在著許多很少被使用或很少被注意到的角落。想要發現這些角落，就必須仔細地觀察城市中的空間，並且去分析這些角落現在的使用狀況或閒置情形。儘管是狹小的綠地，也能使城市更加宜居。

攀緣植物例如廣泛分布的何首烏（*Fallopia baldschuanica*）藉由鋼棚架化身成為人們認知中在非洲熱帶草原出沒的「金合歡」。其中雜草植物和「花園綠籬植物」如北美香柏（*Thuja occidentalis* 'Smaragd'）之間所創造的對比，也在正面的意義上賦予了「瑪格達萊納花園」（Magdalena-Garten）一個獨特的印記。

一座柏林東港的廢棄發電廠夾處於施普雷河（Spree）、艾爾森森橋（Elsenbrücke）與城市環狀快鐵（Ringbahn）的鐵道之間，而在未來短短的幾年內，這個相對狹小的空間也即將成為城市高速公路的一部分。不過在那發生之前，一間電音舞廳馬格達萊納（Magdalena）進駐了這棟引人注目的建築。其中馬丁·雷姆克（Martin Lemke）負責戶外空間的規劃設計，他以特殊卻一致的手法結合了多種雜草植物，並透過發電廠的構造與細長的鋼架結合植物，也創造了特別的效果。

現代住宅──聯排別墅

人們在城市中的生活品質往往取決於實際的居住地點，而城市中「黃金地段」的定義也已經隨著城市的演化改變，如今往往受該地的聲譽、舒適度與環境等方面影響。自20世紀開始，多層樓建築成為了大多數人的首選，特別是沿著街道所建的住宅。隨著近50年來電梯的設置，又因為高樓層特別明亮，而且基本上能夠遠離交通噪音的紛擾，位於最上層的住宅樓層因此蔚為風行。此外，大面積的陽台與環繞的屋頂花園（頂層公寓，Penthouse）也為住宅創造出了許多自由空間。

聯排別墅（Townhouse），也就是通常只有一個家庭使用的多層建築，在歐洲自中古世紀就十分有名氣，一直到20世紀上半葉，不論是在英國與北美，或是在德國北部與荷比盧三國的市中心，都是上流社會階級所追求的居住形式。隨著城市中生活條件的提升與隨之而來的再都市化，「聯排別墅（Townhouse）」在21世紀初又重新回到了市中心。然而，頂層公寓的屋頂花園有時會受強風侵擾，其不同的是，聯排別墅在地面上提供了被充分保護的花園，儘管它的尺度通常很小。此外，聯排別墅更配備了一座額外的一樓陽台。多虧了電梯，我們能夠很方便地抵達所有房間。許多聯排式別墅不只是空間大，更同時有四到五層樓高，也和頂層公寓一樣提供了可用的屋頂面積。然而，由於法律中明文禁止種植較大的樹木，以及來自於週遭鄰居的視線，如何在這些花園中去創造私人空間便成為了主要的課題。

某些花園的面積雖然不到100平方公尺，但是在四周鄰近的住宅中也能一覽無遺。

位於柏林米特區（Mitte）的聯排式別墅群與其中多樣化的建築立面。

城市綠化並不一定是一個由人們主導而產生的過程：在1990年代中國的一座村莊──後頭灣村，由於小島周遭漁業資源的枯竭，相顯之下鄰近的上海具有更好的生活條件，因此幾乎所有的後頭灣村民都離開了他們的故鄉。如今村莊裡大多數的房屋都爬滿了地錦（*Parthenocissus tricuspidata*），也使後頭灣村成為了熱門的旅遊景點之一。

對城市植被的衝擊

以大自然作為城市綠化的典範？

在1980年代的「綠化熱潮」之後，城市規劃師、（景觀）建築師與生態學家們一直在爭論，一個城市的自然程度究竟要多高才能夠創造正面效益。其中有一派人警告，植物會在視覺上破壞城市並奪走城市的特色；然而另一派人則認為，只有當建築物披上攀緣植物與綠色屋頂所組成的綠色大衣，才能夠被社會大眾接受。即使這樣的意識形態鬥爭如今已不復存在，但是仍然存在著一個問題，也就是人們如何結合城市、建築與植物，同時卻又不失去它們原有的特性。

如果將當地大自然中的理想畫面直接複製到市中心裡，往往成效並不大，因為這樣的植栽在這裡會顯得突兀且不真實。對於這樣的生物棲地來說，如果想要成功運作，不可或缺的就是動物與植物之間的生態關係，然而，正因為環境條件的不同，這樣的生態關係是無法被移植的。儘管如此，對於城市綠化的發展來說，「大自然」仍然能作為一個很好的借鏡。其中一個方法就是將現有的城市地形與具有相似條件的自然環境進行對比（詳見下兩頁），進而透過對自然植被的詮釋，去創造出美觀且同樣適合當地的植被景致（詳見40頁）。這種植物群落所固有的異質感，當然也可以理解為另一種說法：就好比「城市的自然」與「郊區的自然」的本質本來就不相同，但是都有其存在的價值。

位於裏海南岸的希爾卡尼亞混合森林（Hyrcanian forests）是許多樹種的發源地，這些樹種對於城市來說具有很大的運用潛力，其中包括了合歡（Albizia julibrissin）、高加索楓揚（Pterocarya fraxinifolia，圖片前緣）、高加索櫸樹（Zelkova carpinifolia）與波斯鐵木（Parrotia persica，圖片背景中具有粗壯分枝的樹木）。

位於馬德拉（Madeira）的列瓦達（Levada）小徑清楚地展現了，當環境具有足夠的（空氣）濕度時，峭壁也能夠自我綠化。

37

北義大利湖泊群的山林世界中，在短短幾公里與幾公尺海拔的高度範圍內就呈現出了一個多樣化的植物群落。黃櫨（*Cotinus coggygria*）在這裡的南面峭壁上自然地向最北邊生長。儘管這樣的環境在夏季可能會變得極端高溫，但是透過深且廣泛分布的根，黃櫨在土壤中仍然能夠獲取足夠的水分，這也使得該品種非常適合運用於牆面綠化。（蒙泰伊索拉，義大利〔Monte Isola, Italien〕）

位於日本中部山岳（又稱日本阿爾卑斯山）的峭壁，當這樣的地方具有岩石可以提供植物扎根，或是存在著自然的岩層可以阻止植物或是地層的崩落時，不只是攀緣植物，甚至是樹木與草類植物也能夠在這裡獲得生長空間。

山脈中的V型谷類似於大城市中的街道——至少在光線入射的方面。在山谷中稍微變寬或是坡度變得稍微平坦的地方，植物的發育通常很緊湊。從這樣的自然觀察中得出的結論也可以運用於城市中狹窄的街道空間，例如早在1913年，法國建築師亨利·索瓦奇（Henri Sauvage）成功實踐的階梯式建築工法。（日本，飛驒山脈〔The Hida mountains〕）

俗名為秘魯羽毛草的針茅屬植物（*Stipa ichu*）分布在中南美洲的高山上，並且大多暴露在乾燥、同時寒冷且炎熱又充滿強風的環境中。其類似於我們在園藝文化中廣泛運用的墨西哥羽毛草（*Nassella tenuissima*）。而在冬季裡，這兩種植物都不喜歡潮濕的環境。

許多仙人掌與王蘭屬植物（*Yucca*）的耐寒能力其實比我們想像中的還要強，它們反倒是沒辦法忍受濕度的問題。在夏天，它們不畏炎熱高溫、乾旱甚至強風。（索諾拉沙漠，美國〔Sonoran Desert, USA〕）

雖然在熱帶雨林的環境中光線很難穿透到地面，但是藉由為了適應環境所演化而成的大片樹葉，這裡仍發展出了一個多樣化的植物世界。而森林中最底層的生存環境則類似於城市中晦暗的庭院。（奇久卡國家森林公園，巴西〔Tijuca National Park，Brazil〕）

如何詮釋自然？

當我們身處某個地方時，我們第一時間往往只會觀察到當地地形、植被以及氣候所交織出的大致樣貌。只有在長時間的停留之後，並且透過其他研究者的經驗去推敲，我們才能理解其中的背景關係，也才有辦法去評價當地的氣候或植物環境。然而，正因為這些植物是如此的獨特，這些第一印象往往會如同照片一般烙印在我們的腦海裡。

好幾百年來，人們一直試圖去「收藏」特別美麗的景色，不論是透過圖畫，又或是透過更現代的方式——也就是照片。然而，如何真實地呈現異域風情一直是長久以來更加困難的目標。全球化不只讓人們可以輕易踏足世界上各個地方，也讓國外植物的引進更加容易，但也往往存在著反彈聲浪，反對直接將外來植物一比一移植到本土區域，這些質疑當然也是基於某些合理的原因。毫無疑問，氣候是最重要的，但是我們也不能忽視其他方面，例如物種保育和外來種所帶來的疾病入侵的風險。因此，我們首先必須去辨識植物群落中的特徵種。植物的移植不可以只限定這些特徵種，更重要的是，我們必須選擇能夠適應當地並成長茁壯的植物類型，並遵循對應的自然樣板去規劃這些植物。然而單單只有一群特徵種是沒有說服力的，因此我們還必須尋找合適的伴生種。

一個再造的場景最後是否能讓人感覺到真實，取決於它的結構，和它與整體設計空間的整合。然而，這些究竟如何成功運作，我們可以透過魏恩海姆植物園(Schau- und Sichtungsgarten Hermannshof in Weinheim〔Bergstraße〕)中的許多案例來理解。

魏恩海姆植物園的負責人，卡西亞・施密特（Cassian Schmidt）曾帶領了兩次學術之旅，而其中位於中國廬山的副熱帶季風雨林給他留下了深刻的印象。

根據施密特所見所聞所打造的「魏恩海姆季風雨林」還包含了其他植物種類，例如鬼燈檠（*Rodgersia podophylla*）、大葉子屬植物（*Astilboides tabularis*)、玉簪與大葉木蘭等植物。

我們已經在那──原生的城市植被

即使沒有人類的直接幫助，城市中原本就存在著大量的植物種類，甚至普遍比郊區還多。尤其是在19世紀，由於工業化與全球化的推進，導致了所謂「外來種植物」的增加。到了20世紀，世界各地開始出現同質化的現象，也因此如今人們可以在英國的城市區域中發現同樣也會出現在波蘭、甚至是美國與中國的物種。而能夠在城市的環境條件中適應良好的植物，專家們稱之為「親城市派（urbano─phil）」，它們通常會伴隨著「城市中立派（urbano─neutralen）」的物種出現，這些城市中立派植物不只在城市，甚至在周邊的郊區也能夠生長苗壯。大部分「親城市派」的物種都偏好溫暖的氣候，但是它們在一般環境中卻不是那麼具有競爭力。人們所認知的典型城市物種，大部分都是自從1492年後引進中歐的外來種。它們發展出深廣的根系，並且具有高效的導管，同時還能夠控制蒸散作用，也因此它們大多都可以適應城市中水分稀少的環境。典型的城市植物特性是花較小（大部分透過風或是動物傳播它們的種子），花期長以及高抗污能力。此外，城市植物群中也存在著許多指標植物、狹光性植物與嗜氮植物。

不論人們如何從生態或是美學的角度去評價都市的植物環境，它們都值得被肯定，畢竟，它們能夠在連本土植物群都無法佔據的地方佔有一席之地。

在巴黎威爾森總統大道（Avenue du Präsident Wilson）的半野生綠帶中，除了黃櫨屬植物（*Cotinus*）之外還生長著無數的臭椿幼苗（*Ailanthus altissima*），據推測，這些臭椿幼苗是經過長時間在地面的縫隙之間所形成的。雖然這些植物沒有經過人為的設計規劃，仍然展現出了不錯的成果。

臭椿——城市之王

在英國，人們將臭椿稱之為「天堂樹」（Tree of Heaven）或是天空樹（Baum des Himmels），而又因為它近似於漆樹，因此法國人將它稱之為「日本假漆樹」（Faux vernis du Japon），在德國則稱之為神樹（Götterbaum）。如果過去有人能夠預測到，這個源自於中國和北越的樹種會在城市中形成什麼樣的擴散效應——不只是在歐洲，甚至是在北美洲、非洲、澳洲以及部分亞洲地區，那麼「城市之王」這個稱號可能會更適合臭椿。此外，尤其是在溫帶大陸性氣候和地中海型氣候的地區中，幾乎沒有其他的大型樹種能夠像臭椿一樣如此適應城市。臭椿偏好荒地的特性使得它二戰後在德國迅速擴張，並且開始大肆侵入其他國家的領土，特別是那些沒有人負責看管的荒蕪之地。其一年生枝會從七月開始脫落底部的葉子，營造出如類似於棕櫚樹的效果，也許這就是它「貧民窟棕櫚樹」這個更加貼切的名稱的由來。臭椿經過修剪之後生長十分迅速，而且非常難以控制，也因此對城市中缺水且發育不良的草地來說造成極大的威脅。在那些已經存在數以百萬計的臭椿的城市中，許多人也對這類修剪方法的成效提出了質疑。至今在中歐地區，臭椿普遍只侷限於城市中，但由於氣候變遷的影響，很快地，它也會愈來愈常出沒在近郊地區。

除了臭椿之外，中歐城市也出現了許多特徵種，它們大多會週期性地出現在類似的植物群落中。

而其中某些物種在人類不注意的情況下也找出了自己的謀生之道（例如在耐踩踏的植物群落或是牆縫的植被中），同時也有其他物種透過它們的花序在一年生或是多年生的雜草植物中加強它們的存在感，例如鼠大麥（*Hordeum murinum*）、加拿大蓬草（*Conyza canadensis*）或是北美一枝黃花（*Solidago canadensis*）。此外也有許多突出的外來樹種，例如大葉醉魚草（*Buddleja davidii*）、日本泡桐（*Paulownia tomentosa*）、刺槐（*Robinia pseudoacacia*）與梣葉槭（*Acer negundo*）。

當然，許多城市中也存在著數不清的中歐植物（通常來自淡水沼澤森林或是乾旱草原），它們選擇將這裡作為第二個家鄉，例如白頂飛蓬（*Erigeron annuus*）、藍薊（*Echium vulgare*）、葡萄葉鐵線蓮（*Clematis vitalba*）、艾草（*Artemisia vulgaris*）或是漢紅魚腥草（*Geranium robertianum*）。

曾經作為觀賞用植物引進的醉魚草，如今已經是城市中最常見的灌木之一。

夏末時節，「貧民窟棕櫚樹（*Ailanthus altissima*）」的典型樣貌，與其半落葉性的一年生枝。

容易繁殖的漢荭魚腥草（*Geranium robertianum*）常見於不同地形中。在強光和乾旱的影響下，會使它變成紅色。

鼠大麥（*Hordeum murinum*）非常適合在路邊種植。它能忍受狗排泄物，並且能利用動物的皮毛傳播種子，此外它也很喜歡來自狗糞便的氮元素。

據推測源自於巴爾幹半島西部與阿爾卑斯山南部的真菫（*Pseudofumaria lutea*）與塑膠垃圾一同形成了一幅迷人的畫面：城市是有生命的。

在典型的建築狹縫中生存的番茄幼苗、日本泡桐與臭椿。

45

生物多樣性將帶來轉機！

植物對於城市所帶來的正面影響，早已在科學的層面上被證實。但是，至今我們仍然沒有廣泛發揮植物的潛力。問題出在哪裡呢？究竟氣候變遷與全球化為城市的植物群落帶來了什麼樣的影響？我們應該要如何面對自生植被與外來種？英戈·科瓦瑞克(Ingo Kowarik)與迪特瑪·布朗迪斯(Dietmar Brandes)接下來即將回答這些以及其他衍生的問題。

至今城市中仍然沒有許多結合屋頂綠化或立面綠化的建築設計。為什麼科學知識沒辦法貫徹在實務上呢？

科瓦瑞克：在實務應用的層面確實存在著許多問題。儘管如此，我們過去這幾年在德國已取得重大進展。2015年，《城市綠皮書(Grünbuch Stadtgrün)》出版，其中就有發表了一項廣為人知的政策，也就是「綠色基礎建設」。建築師與城市規劃師也慢慢理解到，城市沒有植物是不行的。

氣候變遷是《城市綠皮書》中的一個核心議題。氣候變遷對城市的影響真的如此之大嗎？

科瓦瑞克：預期溫度的上升、長時間的乾旱期和極端氣候事件的增加，一定會加劇城市中已知的某些現象，例如熱島效應。

那麼人們該如何面對氣候變遷呢？

科瓦瑞克：已經有研究指出，雖然城市中的植被沒辦法阻止氣候變遷，但至少能減緩其帶來的影響：植物透過蒸散作用和遮蔭的提供可以降低溫度，高度較高的植物則能夠降低風阻。也因此，我相信「生物多樣性將帶來轉機」。當自然已經「做好準備」的時候，整個自然系統也就能更輕易地去應對環境條件的改變，例如氣候變遷。氣候變遷並不只意味著氣候暖化，也意味著未來氣候會變得愈來愈極端，其中也包括了未來有可能會發生的極冬現象。

「柏林的生態多樣性政策」主張從城市中的野生環境著手改變。這是否也包括外來物種？

科瓦瑞克：外來的植物時常生長在那些原本沒有本土植物存在的地方。它們展現出了豐富性，也因此能夠被認同。只有一小部分的植物有可能會造成城市中的問題，也就是所謂的外來入侵種植物，但我必須強調，只是「有可能」。舉例來說，如果從自然保育的專業角度來看，刺槐就是一個很大的問題，因為它不僅可以在棲地中長久生存，還能透過固氮作用積極影響植物群落的結構，在短短的幾年內，這裡的物種結構可能就會變成嗜氮植物的群落。儘管如此，只要刺槐能夠與危險地帶保持足夠距離，我就不會排除將它作為行道樹的選擇之一。因此，在柏林我們不建議一昧使用排除外來種的作法，而是去了解、有意識地面對外來種。

在外來種之中存在著很多嗜熱植物，它們也偏好比較溫暖的環境。請問氣候變遷是造成這些物種數量增加的主要原因嗎？

布朗迪斯：毫無疑問地，在氣候變遷的影響下，植物的生長期因此延長，這有利於果實的成熟，從而促進野外播種。不過，我認為全球化所帶來的影響更大。

科瓦瑞克：接著由我繼續說明。不論人們是有意或無意，全球化都使人們能夠輕易地引進外來植物與動物。在過去，往往要經過幾十年甚至幾百年，一個「穩定」的物種才有機會變成一個外來入侵種。在許多城市裡，臭椿(Ailanthus altissima)就是外來植物中最明顯的例子，在很長的一段時間裡人們必須細心照顧它，直到環境條件發生了很大的變化之後，它才能夠開始大規模的擴張。

布朗迪斯：人們不只是將外來植物引進園藝文化而已，還通過栽培使其變得更加強壯。人們也認為，往往只有當這些植物栽培成功時，才有辦法真正地「跨越」花園的界線，創造真正的大自然。

英戈・科瓦瑞克博士（圖中著棕色西裝外套）於柏林工業大學（Technischen Universität Berlin）教授生態系統科學與植物生態學。他的研究重點包含了城市生態與入侵植物種。作為環境保育與景觀保存領域中的國家代表，他也參與領導了「柏林的生態多樣性政策」的制定過程。

47

如果人們只觀察市中心的話，那些往1492年之後被引進中歐的外來種，究竟在整體植被之中佔了多大的比例？

科瓦瑞克：從我們在柏林的測量中可以得知，市中心植物群之中有將近四分之一屬於外來種。

布朗迪斯：通常隨著城市移入人口的增加，外來種的比例也會增加，此外，戰爭的破壞也會使其比例增加。

入侵種對於野生景觀來說真的會造成問題嗎？

科瓦瑞克：如果從自然保育的專業角度來看，其實外來種並沒有造成很多問題——不過，當然還是有例外，例如我前面提過的，也就是當刺槐入侵都市中貧瘠草地的時候；然而從人體健康的角度來看的話，豬草(*Ambrosia*)的出現確實是造成了一些問題。不過從自然保育的角度來看的話，這種植物仍然是無害的，因為我們也沒有發現它們有對生物多樣性造成什麼危害。

布朗迪斯：我們當然也不能低估豬草中容易引發過敏的花粉，但是它在許多層面都很值得被注意。一方面，我的研究指出，這個物種在德國出現的數量其實並沒有像人們根據媒體所推測的那麼多。這些植物往往是伴隨人們定居而出現的，或是由人們所種植的，因為這種植物並不是特別具有競爭力。一般來說，往往是由於人們缺少或是遺失過去對於植物與生態背景的知識，才會造成植物擴張的危險。

在未來幾年裡，有哪些植物可能會在城市中更常出沒呢（作為外來入侵種）？

科瓦瑞克：這根據每個城市不同的狀況會有所不同。我個人認為，在某些南德比較溫暖的地區或是在南法的市中心很常出現的日本泡桐(*Paulownia tomentosa*)，在未來也會向北部與東部擴張。同樣地，水丁香(*Ludwigia*)應該也是差不多的情況。

布朗迪斯：除了日本泡桐之外，我也能夠想像到未來我們會更常看見歐洲鐵木(*Ostrya carpinifolia*)、革葉常春藤(*Hedera colchica*)或是桂櫻(*Prunus laurocerasus*)。在未來，有一些園藝文化中常見的草本植物也有可能會更常出現，例如我們俗稱為西班牙雛菊的加勒比飛蓬(*Erigeron karvinskianus*)或是紅纈草

並非城市中的所有環境都適合植物生存或是穩定生長。我想請問布朗德斯先生，您在您所謂的微型棲地的研究之中發現了一些值得注意的物種，其中包括了像是無花果和番茄……

布朗迪斯：……而這些我們也不是第一次發現了！無花果經常出沒在溫度適宜的環境中，例如地下室的窗前。在大部分被格柵所覆蓋的地下室採光天窗很常積聚一些廢棄物、灰塵與垃圾，甚至是植物的種子與孢子。在這些很少清理的地方，反而相對地給了自生植物群發展的機會。還有一個很有趣的微型棲地就是牆腳，特別是在充滿陽光且溫暖的南側。這些植物往往生長在狹窄的縫隙中，也因為比較靠近牆壁，所以它們比較可以防止被踩踏。除了番茄之外，這裡也經常出現花園中比較常見的草本植物或樹木。像牆腳這種相對比較沒有競爭力的環境通常是觀賞性植物在擴張過程中的第一個半自生生長環境。

自生植被在你心中存在著什麼樣的價值呢？

科瓦瑞克：很高的價值！自生植被往往是本土物種與非本土物種的結合，它們能夠很好地適應城市中某些困難的環境。它們也在生態系服務中扮演了許多角色，例如在空氣衛生、水平衡與城市氣候的層面上，而生態系服務對國民經濟來說也非常重要。但是當自生植被的發展導致損害時，也會產生許多負面影響。好比當街道或小巷雜草叢生的時候，往往會使人產生「這裡是不是沒有在維護？」的印象。

布朗德斯：或者是產生更負面的印象：廢墟！

科瓦瑞克：我們對自生植被的研究指出，如今大眾其實已經滿能接納自生植被了。只要這裡和真正的野外做出區別，並且經過維護和「規劃」，大眾的認同度就會非常高，例如在自生植被的周圍修剪出一條草皮。其他實驗的結果也指出，當我們透過迷人的本土物種去豐富現有的自生植被時，居民的反饋就會非常好。

布朗德斯：我非常認同科瓦瑞克先生所說的。此外，即使考慮到例行的管理措施，這些地方的維護成本也明顯低於大多數傳統綠地。而自生植被還有一個優點：對於不少瀕臨絕種的本土植物(！)來說，都市棲息地是不可或缺的替代生存空間。

迪特瑪・布朗迪斯博士（圖中著白色襯衫）於布倫瑞克工業
大學（Technischen Universität Braunschweig）領導了一個研
究植被生態學與植物社會學實驗的團隊。他的研究重點包括
了植物地理學，特別是有關於生物多樣性與入侵種的研究。

矮林作業：小面積上的多樣性

在歐洲的許多文化景觀中，樹木的「矮林作業(coppicing)」或「樹瘤式修剪(pollarding)」是十分常見的，同時也是構成英式花園的「邊界」的重要元素。在德國，人們近年來才開始從定期修剪樹木的過程中，探索美學的可能性。而某些示範植栽也已經展現這種種植方法的潛力，例如德勒斯登的明礬公園(Dresdner Alaunpark)。儘管因為修剪的關係導致植物無法開花，但是透過結構與紋理上的佈局與安排，植物在一整年之中都可以表現出非凡的活力。多虧了葉色豐富的樹種，或是在冬天呈現彩色樹皮的品種，使這樣的植物組合在一年四季都十分耀眼。而有別於其它的樹木植栽方式，長期來說，這樣的方式可以藉由小面積的土地實現高度的物種多樣性。而藉由第一次修剪高度的設定之後，接下來，即便是不具有植物專業知識的人也可以自己完成修剪工作。在這期間也已經有一些大學與研究機構開始著手進行新的矮林作業實驗，除了去辨識更多可以進行修剪的物種之外，還得測試這些植栽經過矮林作業後的耐久性。

一個來自德勒斯登工業大學長達數月的實驗，藉由能夠進行修剪的植物種創造出一幅美麗的景象，例如深紫梓（*Catalpa erubescens* 'Purpurea'）、紫葉黃櫨（*Cotinus coggygria* 'Royal Purple'）、日本厚朴（*Magnolia hypoleuca*，具有橘色的頂芽）與紫葉合歡（*Albizia julibrissin* 'Summer Chocolate'）。

南梓木（*Catalpa bignonioides* 'Aurea'）與金葉風箱果（*Physocarpus oppositifolius* 'Dart's Gold'）佇立在一片黃色的樹叢中。而為了達到更好的效果通常還會結合柳葉向日葵（*Helianthus orgyalis*）與金色知風草（*Hakonechloa macra und H. m.* 'Aureola'，圖片中接近道路邊緣的地方）。

由自生植被所形成的稀疏樺樹林塑造出了一個高品質的開放空間。

自生植被可以透過強壯的外來種來提升整體質量，例如圖片中的白花紫錐菊（*Echinacea pallida*）。

秩序即設計：一個看似很少維護的草地也可以透過寬闊道路的修剪，以低成本的方式創造一個具有對比性的環境，藉此傳達設計意圖。

來自諾伯特‧庫恩（Norbert Kühn）的客座文章　　庫恩博士是柏林工業大學植被工程和植物應用專業領域的負責人。他的研究重點包含了植物應用理論與當代城市的植栽設計概念。

粗放植物與自生植物的美學

在那些沒有多少預算能夠負擔植物與維護作業的地方，運用自生植被也是一個解決辦法，也就是那些可以自己尋找生長環境的植物。而自生植物不只可以節省預算，它的存在除了帶給人們道地、真實的感覺之外，也能夠讓城市的居民感受到生態運作的過程。在幾年前，大眾仍不能理解為何要在公共空間的設計中運用這類雜草植物，但是多虧了新興的公園設計，以及大眾對於城市自然的高度重視，人民的看法也因此開始改變。最近的研究也證實了，城市中的居民已經願意與那些街道旁的自生植物好好相處。

然而，透過這種方式可以創造什麼樣的植被與景觀呢？在自生植被裡不只存在著壽命短的植物群落，也存在著壽命長的植物群落，而壽命短的植被通常會在較早的演替階段中出現。為了維護它們，必須一直透過某些手段去創造所謂原始土壤的狀態，這樣才能夠保護許多美麗的一年到兩年生植物。壽命長的草本植物群落則較具有優勢，因為它們能夠在一個特定的時間內保持穩定，同時形成可觀的族群數量。而透過花期較晚的高大草本植物（一枝黃花、菊蒿與菊芋），我們可以期待一個色彩繽紛的環境，尤其是黃色。不過，數量很多的拂子茅與柳蘭卻沒辦法創造前面所提到的效果。人們也不該對於預期的美學效果抱有太大的幻想，因為它們是絕對不可能達到一般花圃或是草本植物花圃中所營造的色彩效果。自生植被所創造的效果基本上來自於它們的花朵，當然這也不是單一種植物所能夠做到的，而葉子的綠色與枯枝的褐色也是其中的一部分。如此一來，當地居民也可以體驗到植物在不同季節中的樣貌變化。此外，透過設計的介入也可以大幅度地增加開花效果。

為了不破壞這種草本植物環境的自我修復能力，並且以粗放的方式對植栽系統進行維護，原則上答案就只有一個，也就是進行修剪。但重要的是，我們所使用的維護方式必須根據植物族群的數量去調整。一年除一次草容易造成植物群落均勻化，而去掉雜草則會促進植物在春天萌發新芽，除了看起來美觀之外，也可以促進一些「早生」種的生長，例如某些地下芽植物（球根花卉）與草地植物。此外，也可以透過不同的修剪方式賦予空間不同的內部結構。自生的樹木群落可以透過較少的維護工作（疏剪、獅尾剪或是矮林作業），進一步發展成為一座迷人的景觀公園，如今我們也可以在許多郊區的工業遺址景觀中看見這一點，例如柏林南地公園（Berliner Südgelände）、北杜伊斯堡景觀公園（Landschaftspark Duisburg Nord）與萊因愛北工業森林（Industriewald Rheinelbe）。

重要的是一個合適的表現方式，一個環境，能夠讓我們去陳列、展出這些植被。如果我們太過隨便地對待這些自生植物，那它們當然也會顯得不好看，甚至有可能損害環境或是造成污染。而就算透過美學的角度去提升自生植被，這些植被如果沒有與環境形成強烈對比的話，通常也很難生存。此外，當自生植被生長在一個沒有維護的環境裡的話，自然也會顯得雜亂。因此，一個正確的環境決定了這些植物最終是否能夠被大眾所接受。

讓自生植被參與設計

自從1870年威廉‧羅賓森（William Robinson）出版了《野生花園(The Wild Garden)》後，這種動態的、能夠自我變化的植物景觀就一直吸引著花園設計師。儘管過去也存在著一些花圃，賦予了植物在其中生長、互相競爭的空間；又或是透過人為手段，將植物數量調整到可以適應土地的種植潛力，但是，直到1970年代這些花圃仍舊只存在於私人的花園裡。隨著棲地熱潮的開始，自生植物的理念又再次浮上檯面，而這次終於包含了公共的綠地空間。特別值得一提的是沃爾夫拉姆‧庫尼克（Wolfram Kunick）在德國的播種計劃，或是吉勒‧克萊蒙（Gilles Clément）在法國多方面落實的概念「移動花園(Jardin en Mouvement)」。然而，由於這些方法不僅需要定期維護，還需要長時間專業的觀察檢測，因此常

常增加額外的預算，這也是為什麼這種動態性的綠化植栽手法仍然很少見。在千禧年之後，隨著大眾對於多樣性與自然的需求愈來愈強烈，也為公共綠地中草本植物的運用提供了新的動力。接著，德國、奧地利和瑞士（後來在捷克也有）也發展出了一種草本植物混合植栽，其中囊括了大部分能被大眾接受的物種，而且其植栽景觀也會隨著四季變換。在《黑盒園藝(Blackbox Gardening)》一書中也有提及另一種動態設計的方法，也就是將土壤控制也納入植栽維護作業的設計中：基於原有的或是特別覆蓋的土壤基質，不以固定的植栽計畫方式，將有潛力的目標植物以種子的形式投入，或是運用原生植物。隨著植物的減少，才能夠藉由維護作業持續地貫徹設計理念。

在巴黎的埃俄羅花園（Jardins d'Éole）中設計了一條寬闊的米黃色碎石帶，提供了耐旱物種與耐石灰物種生長所需的空間。透過許多壽命短的植物與其種子的傳播，花園的景色每年都會不斷變化。圖中位於在步道邊緣的蜀葵（Alcea rosea）則展現出欣欣向榮的樣貌。（規劃設計：米歇爾＆克萊兒‧高哈汝〔Michel & Claire Corajoud〕）

柏林的三角鐵路公園（Park am Gleisdreieck）以鬆散的碎石創造了「城市荒野」空間，如今，除了原生植物之外還多了許多其他物種加入。（規劃設計：羅伊德工作室〔Atelier Loidl〕）

某些企業有提供原生的苔蘚植物（如英戈爾德園藝公司〔Ingold〕）與一些特別的土壤基質（如阿爾弗雷德‧福斯特股份有限公司〔Alfred Forster AG〕〕），這些植物能夠在合適的環境條件下迅速的轉變為一個微型景觀。

苔蘚植物的更多可能性

綠色對於人們的影響是眾所皆知的：安定、安全感與創造力。然而，雖然蕨類植物與苔蘚植物與大多數植物一樣都是綠色的，但與遙遠東方的園林文化完全不同的是，苔蘚植物在歐洲與美洲的外部空間設計中並不受重視。特別是在晦暗的庭院中，它們可以與蕨類植物一同發揮自己的優勢，並且提供更多樣、更細緻的景色發展所需的條件。一個全新的應用領域則在於粗放型的屋頂與牆面綠化。以比例來說低矮的植栽高度、高度的蓄水能力和經過證實的灰塵過濾能力，這些特點使苔蘚植物重新成為景觀建築師與城市規劃師的目光焦點。近年來，不論是依循日本模式的苔蘚綠化，或是在擴大苔蘚植物應用的層面，都取得了重大的進展，但是如果想要成功落實苔蘚綠化，還需要投入更多的研究工作與大量的專業知識。舉例來說，這包括了合適物種與合適的種植環境形式的挑選，甚至是與鳥類之間的相處之道，而這些都是容易對苔蘚地衣造成干擾的因素之一。如果人們不想要限制為數不多的耐旱蘚苔種類的生長（其在含水量低的時候會從橄欖綠變成棕色），那就必須選擇適當的水處理方法，因為通常只有少部分的苔蘚植物能夠忍受高鈣與高鐵含量的環境。

（如圖中由Vertiko公司所研發的）苔蘚墊成為景天綠化（Sedumsprossen & Co.）的一個替代方案。尤其是在冬季無霜的日子裡，它們所展現出的力與美就如同一塊綠色的地毯。

磚縫藉由苔蘚植物的填充創造了綠化效果（英戈爾德園藝公司〔Ingold〕）。

垂直的綠化系統

由於開發屋頂綠化系統，或是開發攀緣植物的長期穩定種植系統需要大量的經驗、實驗以及時間，我們可以從這樣的發展脈絡中得知，垂直綠化的發展應該也是類似的。然而，垂直花園中究竟存在著什麼樣的潛力，我們可以從大量的綠化系統供應商中推敲一二。然而，至今那些市面上可以獲得的產品幾乎都只被認為是密集綠化而已，並且必須不間斷地供給水分與養分，才能夠維持系統的運作。單單一個灑水噴頭的故障，植物就有可能在短時間內受到傷害，也會導致後續昂貴的維護成本。因此，除了辨識合適的植物之外，如何提升系統安全性與冬天穩定性，便成為了研發部門最重要的挑戰。由於不可避免的結構與建築要求、專業技術，與某些生長太高導致難以觸及的植物，導致在未來，垂直綠化仍然屬於高成本的綠化形式之一。

在最初，大部分的綠化系統都是類似的，都是將植物種植在種植袋裡或是建築的水平開口中。而植物的基座大部分都是以毛氈、塑膠或是金屬構成的，通常植物生長一段時間之後會將其覆蓋住。一家名為Vertiko的供應商則提供了一個苔蘚墊的替代產品，而這項產品在安裝完成之後就可以創造具有包覆性的綠化效果。在市場上相對比較新的產品是所謂的Skyflor模組（由Creabeton公司所設計），這種模組並不會直接種植（或單單填充上去）現成的植物，而是在一開始（安裝之前）將植物種子噴灑於模組上，藉以創造植物層。雖然與傳統系統相比，這種系統所種植的植物生長地比較慢，但單就其美觀有趣的立面來看的話，這其實並不是個缺點。此外，實驗也指出，當附近環境有植物播種時，它們的種子能夠進入這些模組基座上沒有被填滿的空隙，並且在一段時間之後達到自我綠化的效果。

Skyflor模組（日內瓦，圖中的牆上）總共由三層材料構成：混凝土基座、基質，與肉眼可見的白色陶瓷層。其中陶瓷層為一個多孔結構，是使植物得已播種與發芽的功臣。此外，綠化的組合方式有很多種，可以根據客戶的需求進行調整，同時也可以透過測試檢測這些組合是否適合用於立面，或是合不合乎美學標準。當然，一體化的灌溉設備也是必備的。

植栽倉儲架

除了運用攀緣植物的「傳統牆面綠化」，與「真正」的垂直綠化之外，當然也存在著其他立面綠化的可能性——如同倉儲架一般，只不過，這次被堆疊的貨物變成了植物。透過這樣的解決方案，植物可以如同在地面般直立地生長，也因此多了許多可以運用的物種，但是，這同時也需要設計一道獨立的結構牆，也相對地對結構與空間產生了額外的需求。此外，這些「層架板」也需要計算足夠的間距，才不會阻礙植物的生長與外貌；反之，太大的間距也會對綠化成效造成負面影響。而植栽箱本身的深度也需要經過計算，人們才能夠毫不費力地從後方的維護平台進行維護作業。然而，如同一般的垂直綠化，這樣的方式也必須配有灌溉設備，而植栽箱裡除了土壤基質之外也具有一定的緩衝空間，使灌溉設備可以內嵌在其中。除了美學上與生態上的機能之外，只要這些植物冬季時維持足夠的「豐富度」與結構，這種系統也能夠具有抗日曬的能力。

一座巨大的「倉儲花園（Stapel-Gärten）」位於瑞士的弗勞恩費爾德（Frauenfeld）附近，其中充滿了許多草本開花植物、草類植物與球根花卉。在2013/2014年間，天框股份有限公司（Sky-Frame）新建了一棟結合工廠與辦公室的大樓，而其中建築的南側則安裝了13層植栽架。該建築上的鋼骨結構除了容納總共835延米的植栽箱之外，還投入了20,000株植物，同時還設計了給排水設備和後方預留的維修平台。（規劃設計：彼得 昆茲建築事務所，岡茨景觀建築事務所與福斯特園藝〔Peter Kunz Architektur、Ganz Landschaftsarchitekten and Forster Baugrün AG〕）。

這整座倉儲花園在機能上類似於百葉窗，原則上可以阻擋夏天強烈的日照曝曬和輻射熱能。當然，如果想讓冬天裡入射角度較低的太陽光變得不那麼刺眼，能夠長期保持穩定狀態的植物就顯得非常重要。此外，植栽架之間的間距為1公尺（基質表面至上方鋼構箱的底部）；而整體結構預留的深度則是1.5公尺，其中每兩層植物平台配有一層維修廊道，在這裡可以進行所有的系統管控與維護作業。

位於杜塞道夫，由緹塔·吉斯（Tita Giese）所設計的11座中美洲式交通分隔島。

實踐案例賞析

垂直的花園

　　如果要對一座城市進行綠化，卻又不將建築物立面作為植栽面積運用，那就好比人們參加賽跑，卻把雙腳綁起來一般矛盾。一直到好幾年前，人們還仍然將「牆面綠化」與「攀緣植物」劃上等號，也就是那些透過附著器或是附著根自我攀爬，又或是藉由格柵、繩索或是鐵絲等形式的「助爬物」抵達高處的植物。

　　而隨著派屈克‧布蘭克(Patrick Blanc)的到來則證實了，原來，花園也能在垂直的狀態下成功運作。他在世界各地實現了超過100項設計，其中除了室外也包括了室內；他不僅僅透過這些設計美化、活化了冰冷的牆面與建築立面，甚至還為尚‧努維爾(Jean Nouvel)等建築師提供嶄新的設計方法，使他們跳脫出一般由石材、混凝土與玻璃所構成的建築立面設計框架。

　　像這樣具有革命性的、開拓性的概念，一般沒過多久就會被複製、改造或是進一步發展，這也是革命性概念的特點之一。而布蘭克的植生牆之所以如此無人能及，也是因為他所使用的物種種類與植物規劃，不過，現在也已經有更多的供應商，至少能夠在其它的使用領域中提供更好的技術，或至少能夠與之匹敵的系統。

布蘭克的作品中，最有名的當屬2007年完工的馬德里西班牙商業銀行文化中心（Caixa Forum in Madrid）中的植生牆。其中，赫爾佐格和德梅隆建築事務所（Herzog & de Meuron）以耐候鋼包覆了新建的當代藝術博物館，也讓這棟建築與600平方公尺大的植生牆形成了強烈的對比；而這道植生牆中則種植了將近300個物種與將近20000株植物。即使今天並不是所有植物都存活了下來，但它還是與基地上有趣的地形變化一同形成了一個穩定的生態系統。

植生牆的發明家

地點：巴黎
規劃設計：派屈克‧布蘭克（牆面綠化）

　　是否能夠運用非攀緣植物進行牆面綠化，目前看來主要是在於技術上與合適的維護方法上的問題。當然，一切的考慮都還是要從植物的角度出發，不過如今專家們也已經不再去質疑，究竟合適的物種是否足夠。但情況並不一直都是如此，正是因為有專家們長時間對於植物本身與植物生活方式的研究辨識，才能為垂直花園的成功鋪平了一條康莊大道，而其中貢獻最大的就是來自植物學家布蘭克的研究成果。這名法國人對實驗充滿了熱忱，他從15歲開始就透過他水族箱的淨水設備去種植龜背芋（*Monstera deliciosa*），這項實驗最後也獲得了成功，並且使他對非陸生的、無土栽培的植物產生了特別的興趣。他在大學就讀自然科學的同時，也到了許多熱帶地區進行深度考察，並且在那發現了大量的植物，例如能夠在陡峭的岩壁上，或是附著在其他植物上生長的植物。儘管布蘭克最初對於人工綠化的想法在實際上沒辦法走得太遠，卻也使他更加地努力。接著，他發現了有一些植物只能生存在富含軟水的環境下，其中包括了許多苔蘚植物。直到後來因為一塊被隨手丟棄在校園裡的抹布，一塊充滿了苔蘚與藻類植物的抹布，才為布蘭克的研究帶來了最終的突破。當時他將塑膠纖維網作為垂直綠化的基底，並且一直沿用到了現在，而他年齡最大的植生牆轉眼間也來到了35歲。透過布蘭克在1994年於羅亞爾河畔舉辦的肖蒙國際花園節（Festival International des Jardins de Chaumont-sur-Loire）中實現的植生牆，和在巴黎百花園（Parc Floral de Paris）中至今仍屹立不搖的一面牆，他證實了，原來在溫帶氣候中，這種綠化方式在戶外是可行的。而這套系統經過多年的完善，如今看來，不論是在各種氣候或是海拔限制之下都不會失敗。當人們向布蘭克問及其中存在著什麼樣的挑戰時，他會回答，他認為主要的挑戰在於如何挑選和培養適合當地的物種。雖然，他大可以從他過去大量的經驗結晶中挑選合適的物種，但是他還是試圖在他每一面的植生牆中創造獨一無二的，並且是屬於當地的特質。然而，其中還是存在著連布蘭克都無法解決的限制，也就是長時間的霜凍期，因為在這期間所有的灌溉設備都必須停用，也因此大規模地限制了潛在能使用的植物種類。

嬰兒淚（又稱玲瓏冷水花，*Soleirolia*）
常常與苔蘚植物一同作為布蘭克植生牆
中的綠色基底。

自2004以來，布朗利博物館（Museum Quai Branly）中的行政大樓建築立面一直是巴黎的熱門景點之一，人們能夠透過非常近的距離體驗這面800平方公尺大的綠化牆。

透過第二層耐久不易爛的纖維網，每平方公尺可以釘上大約30個植物袋，接著將每株植物的根部洗淨後再放入植物袋。纖維網只單純幫助植物的根部固定，並沒有包含任何額外的土壤基質。此外，如果是較大的植物會先在根冠的位置裝上固定夾，避免植株脫落也避免根部持續生長。

圖中為布蘭克面積最大的植生牆之一；這面植生牆位於巴黎火車站北站與東站之間的廊道，而由於狹窄的比例關係，整面牆的景象沒有辦法一次盡收眼底。即使是在夏天如此快速增溫的大城市中，人們在這個狹窄的街道中還是可以感受到明顯的降溫效果。（阿爾薩斯街〔Rue d'Alsace〕）

我們可以從巴黎市中心的「阿布奇綠洲（L'Oasis D'Aboukir）」之中認識布蘭克的三個基本設計原則：

1.**幾近誇張的物種多樣性**：僅僅25公尺高的建築立面就使用了237種植物。
2.**對角線性的植物規劃**：這部分是來自於布蘭克從自然典範中體驗到的多樣面貌。此外，沒有將植物生長的方向往左上角，而是往右上角安排的原因還有另一個：心理學家發現，這樣可以使人們變得更樂觀。
3.**由上至下變換的的物種結構**：這部分則來自於布蘭克時常在陡峭的岩壁中觀察到的特性：位於上層的植物大多是需要陽光，但同時具有抗風能力的小樹種；分布在中層的物種則是在自然界中生長在陡坡，且比較矮小的樹種與草本植物；底層則是布蘭克在森林底層植被或是小溪中發現的耐陰物種。

　　隨著時間過去，在一開始清晰可見的植物布簾卻消失了一部分，主要是因為種了太多的叢生物種與垂吊物種所造成的。在「阿布奇綠洲」的下層，由左至右生長著例如西南冷水麻（*Pilea plataniflora* 'Glossy'）、日本鳶尾（*Iris japonica*，布蘭克的標誌之一）、玉山懸鉤子（*Rubus calycinoides* 'Betty Ashburner'）與國王倒掛金鐘（*Fuchsia regia*）。

天空中的森林

地點：米蘭，新門（Mailand, Porta Nuova）

規劃設計：斯特凡諾·博埃裏建築事務所
（Studio Stefano Boeri）

植栽設計：伊曼紐拉·博里奧和勞拉·加蒂
（Emanuela Borio & Laura Gatti）

隨著布蘭克的知名度愈來愈高，他的建築設計案也同時提升到了一個全新的高度，但是除了他的植生牆之外，一直到幾年前，高品質的建築綠化似乎還是東南亞城市獨佔的拿手好戲。雖然一直以來透過電腦一次次地模擬，究竟歐洲城市該如何變成綠色城市，但它們仍舊很少變成具體的想法——直到2014年，垂直森林（Bosco Verticale）終於在米蘭落成。這項高層建築設計由兩座塔樓所構成，高度分別為112公尺與80公尺，而其中最突出的特點就是其大面積的陽台，其中1.3公尺的覆土深度可以種植高達9公尺的樹木。然而，並不是單靠美學才造就了這獨特的立面設計，而是因為城市生態上的因素。一方面是因為人們希望能夠改善微氣候，也就是在夏季能夠抗熱，在冬季則能夠保暖；另一方面則是因為人們將建築物的表面視為自然的一種投射。根據設計師的計算，其中1,500平方公尺的建築面積就容納了相當於10,000平方公尺的森林。除了橡樹、山毛櫸與歐洲榛樹等典型歐洲森林的樹種之外，這棟建築中還種植了像是波斯鐵木或歐洲李。除了因為植物與覆土基質的重量而產生的結構要求，和一個能夠長期運作的灌溉系統之外，樹木要如何對抗暴雨來襲是一個最大的挑戰。嵌入覆土層的鋼製格柵能夠安全地固定樹木，但是單單只有這個概念是沒有辦法完全說服投資者的，也因此他們為這個植栽模組進行了風洞測試，直到這種固定方式能夠承受時速190公里的強風之後，這個案子才得以實現。

具有私人森林的公寓。這座垂直森林中種植了480棵中型樹木、300棵小型樹木、500株灌木植物、11,000株草本植物以及垂吊植物，而所有的植物都在這裡找到了歸屬。然而，其中的植栽是不允許按照個人的想法去擴張的。

2015年，在正式完工之後的一年，這棟垂直森林依舊保持著綠意盎然的樣貌，然而在高層建築外部極端的氣候條件之下，這已經是個很了不起的狀態。

每平方公尺的居住面積，居民每年大概需要支出七歐元的專業綠地維護費用。這些費用也用於聘請三名專業的園丁，他們藉由固定安裝在屋頂的繩索垂降裝置在樓層之間來回移動，而且大部分的維護工作都是在不踏入私人陽台的狀況下所進行的。其中比較大的木本植物則會定期進行細部修剪與疏剪，從而達到自然狀態下的生長樣貌。在種植之前，這些樹木與多年生木本植物會在苗圃裡特別根據它們種植的地點進行兩年的培養與修剪。

這些垂吊木本植物的長度和體積在剛開始的幾年之間都有所增加，也是使垂直森林成為旅遊景點的關鍵要素——甚至成為了現代米蘭的地標之一。然而，垂直森林並不會一直是汪洋大海中的一葉孤舟，如今已經陸陸續續有其他的高層森林建築正在建設當中或是規劃中。

米特帕金區345號的綠色香料

地點：紐約，西14街345號

（New York, 345 West 14th Street）

規劃設計：Future Green Studio

於2013年完工，距離高線公園（High Line Park，詳見142頁）不遠處的一棟11層樓住宅，多看兩眼就能明白它有多壯觀且具有開創性。而米特帕金區345號的厲害之處在於：它證明了，將「綠色建築」融入具有獨特樣式的歷史建築是可行的，就像此案中的磚造立面。其中除了分布在不同層樓的半密集屋頂綠化，和部分的垂直綠化（在高層樓中）之外，由行道樹欄杆圍塑出的「花箱」與一樓的綠化頂棚也融入了這棟建築，如此一來，行人們不僅能夠從側邊，還能夠以由下往上的視角欣賞這棟建築。在植栽規劃的部分，一方面屋頂與圍欄中大部分都是運用當地的草類植物與草本植物；而另一方面，大約為2×20公尺大的鋼筋混凝土頂棚上則是以樹木為主。在物種選擇的方面，則是特別根據植物的穩定性與生命力、對於動物環境的重要性與耐旱性這幾個特點進行篩選。當然，植栽綠化可不少不了灌溉水分，在米特帕金區345號，灌溉用水則是由收集的雨水所供應。

透過許多有機形的開口可以看到許多不一樣的植物，例如具有羽狀複葉的光滑漆樹（*Rhus glabra*）。此外，垂吊植物也可以利用這些開口，將它們的「觸手」伸向行人們。

小面積上綠意盎然的植物。

巴塞爾的垂吊花園

地點：巴塞爾，文化博物館
規劃設計：赫爾佐格和德梅隆建築事務所與奧古斯特‧昆澤爾（August Künzel）

2011年，「巴塞爾文化博物館」的擴建工程經過多年的施工終於重新開幕，不過其中新建的大面積屋頂懸挑與被稱之為「綠色簾幕」的植物吊籃卻引起了劇烈的批評。儘管擁有巧妙的科技技術——除了一體化的灌溉設備之外，這棟建築還設計了一組馬達，而這組馬達每個星期會旋轉四分之一圈，從而讓所有植物都可以直接照射到太陽光，但是，這些植物吊籃卻通常必須花好幾年才能完全成形。然而，如今這些批評都已經消失得無影無蹤，取而代之地，「巴塞爾垂吊花園」已然成為了一個旅遊景點。其中運用的物種十分廣泛，除了常綠的木本植物例如匍枝亮葉忍冬（*Lonicera nitida* 'Maigrün'）、常春藤（*Hedera*）與小蔓長春花（*Vinca minor* 'Anna'）之外，還包括了許多的草本開花植物、蕨類植物與草類植物。與此同時，似乎就連一群蜜蜂都喜歡上了這個具有黑色漆面的金屬模組（由福斯特園藝〔Forster Baugrün AG〕所設計，已經在立面綠化中發展成熟），甚至還在這裡定居了下來。

達爾馬提亞風鈴草（*Campanula portenschlagiana*）與老鸛草（*Geranium × cantabrigiense*）在初夏時會開出五顏六色的花朵；岩白菜與大葉玉簪（*Hosta sieboldiana*）則具有多樣的葉子顏色。而這些植物吊籃外層的螺旋狀構造單純是為了裝飾。

七串植物吊籃一同組成了綠色簾幕。

網格狀立面

地點：巴塞爾—小胡寧根（Basel-Kleinhüningen）
規劃設計：Diener & Diener建築事務所
立面綠化：Fahrni & Breitenfeld 景觀建築事務所

2007年至2009年間，在巴塞爾市中心邊緣的一片工業廢地上，一棟瑞士西北部迄今最大的購物中心就此落成，由於過去這裡曾經是染印工廠（Stückfärbere）的廠址，因此這棟購物中心被取名為「Stücki」。與其它類似的購物中心不同，雖然它也在基地中規劃了草地，但是它存在的目的之一是為了提升城市的戶外生活品質。建築師在南側主入口處創造了一塊三角形的區域，而這塊區域是以緊鄰著新建築的兩個邊，與相鄰道路的第三個邊所圍塑出。而為了將廣場注入生命，建築師為一個沒有窗戶的建築立面進行了高效的綠化。其中植栽模組配置了四層樓，而每組都種植了直立生長的植物或是攀緣植物。除了有名的植物例如紫藤（Wistera sinensis）、常春藤屬植物（常春藤〔Hedera helix〕、海伯尼亞常春藤〔H. hibernica〕和革葉常春藤〔H. colchica〕）、忍冬（紅白忍冬〔Lonicera japonica var. chinensis〕、白金銀花〔L. j. 'Halliana'〕和阿里山忍冬〔L. henryi 'Copper Beauty'〕）與五葉地錦（Parthenocissus quinquefolia 'Engelmannii'）之外，這棟建築還運用了竹類植物（Fargesia robusta）與喬木，例如歐洲鵝耳櫪（Carpinus betulus 'Zylinder'）、歐洲山毛櫸（Fagus sylvatica 'Atropunicea'）與銀杏（Ginkgo biloba 'Fastigiata Blagon'）。此外，在許多模組裡也種植著垂吊植物，例如迎春花（Jasminum nudiflorum）、連翹（Forsythia suspensa）、樹錦雞兒（Caragana arborescens 'Walker'）或是毛胡枝子（Lespedeza thunbergii）。在建築剛開幕時，小型的灌木玫瑰原本是被作為短期點綴加分的小配角，最後卻成為了許多盆栽中的固定班底。

尺寸剛好的植物盆栽是由玻璃纖維強化塑料所製成的，並且配備了自動灌溉設備。立面的表層被釘上了不鏽鋼繩索，作為了攀緣植物的攀爬輔助工具，此外，有些物種還需要特別設置固定夾或是水平固定的繩索。而為了創造類似卡帶的視覺效果，每年都需要進行15次的維護工作，不過這些相對來說並不複雜，因為在植物盆栽的後方有設計獨立的通道。

不同的植物盆栽組合，創造了變化多端的立面外觀。

除了「典型的」攀緣植物例如忍冬之外（圖片中間靠右邊為紅白忍冬〔Lonicera japonica var. Chinensis〕，它的下方則種植了毛胡枝子〔Lespedeza thunbergii〕），這裡也種植了許多直立生長的植物例如歐洲鵝耳櫪（圖片左邊，它的下方則種植了樹錦雞兒）或是紫葉歐洲山毛櫸（圖片上方）。

室內與室外花園

　　隨著玻璃窗變得愈來愈大，鋼構設計得愈來愈細緻，室內與室外之間也產生了一種流動的中介空間，這種能夠延伸視覺的空間魅力也一直吸引著建築師們的目光。不只是居住空間在視覺上可以延伸到室外，而是室內綠化與室外植物環境的界線總有一天會消失，但是在幾年前，這種延伸居住空間的概念在溫帶氣候中仍然還只是幻想。然而，也因為城市中有限的空間、人們對於全年開放的「外部空間」的渴望，與人們求新求變的迫切，終於讓奇蹟發生了。

金絲雀碼頭十字鐵路站（Canary Wharf Crossrail Station）在屋頂樓層設計了一座公園，而且這座公園的屋頂是部分通透的。像這樣能夠自我發展的小型氣候可以在有屋頂遮擋的地方成功地培養植物，甚至是某些很難在具有海洋氣候特性的倫敦生存的物種。

當植物穿過天花板

地點：皮埃爾查倫街49號(49 rue Pierre Charron)

規劃設計：派屈克‧布蘭克(立面綠化)

　　隨著千禧年的到來，室內設計師安德魯‧帕特曼(Andrée Putman)也面臨了一個困難的挑戰，面對這座庭院中的防火牆，她思考，究竟如何提出有設計感的解決方案。這是個非常有挑戰性的設計案，畢竟這個地方在一戰後曾經是美國司令部，而現在則是一間未來的五星級飯店。於是她想到了一個方法，也就是她曾在布蘭克的工作室接觸過的植生牆(在這個時間點，布蘭克已經可以成功種植將近10公尺高的植生牆)。但還是存在著一個問題：這個庭院需要改造成全年可以使用的區域，卻又同時不能影響三個歷史悠久的建築立面。然而，一個可以在夏季天氣晴朗時打開的玻璃屋頂，應該就是解答了。但是，這要怎麼與植生牆結合呢？這對已經進行過無數次室內或室外植栽綠化的布蘭克來說，似乎並不是一個很難的任務。他發現，有一些副熱帶植物例如日本鳶尾(*Iris japonica*)、蜘蛛抱蛋(*Aspidistra elatior*)或是闊葉麥門冬(*Liriope muscari*)在巴黎的氣候條件下也具有足夠的耐寒性，因此他不管是在室內還是室外都可以使用它們，而且這兩種不同環境之間的設計原則也能夠相通。最後，布蘭克決定在室外與室內的植生牆使用部分不同的物種，主要是因為日照條件的不同。此外，不管是室內或是室外綠化，只要愈接近地面，光線就會減少，運用的植物種類也會因此產生變化。

密閉狀態的庭院：如果沒有這個必要的伸縮屋頂，人們其實很難察覺到室內與室外之間的界線。而就算在冬天，穿透過屋頂的光線也可以提供給植物充足的生長條件。其中有一些植物不管在「室內」或是「室外」都有種植，例如日本鳶尾、蜘蛛抱蛋或是闊葉麥門冬。

在夏季時，飯店的客人可以坐在「戶外」，在休息時間同時享受「冬天花園的氛圍」。

另一個盧森堡

地點：巴黎，帕約爾街(Paris, Rue Pajol)
規劃設計：JAP(建築事務所)&In Situ
(景觀建築事務所／植栽設計)

2013年，一個迄今最雄偉的巴黎城市改建案完工，它的成果至今仍令人嘆為觀止：一座新建的公園「盧森堡玫瑰花園(Jardin Rosa Luxemburg)」(與皇宮花園「盧森堡花園」〔Jardin du Luxemburg〕不同，注意不要混淆)，與重建的「帕約爾大廳(Halle Pajol)」合而為一，使人們憶起此區域的工業歷史。在十年間，一個遭法國鐵路廢棄、擁有1920年代標誌性鋼構造的貨物棧庫，轉變為一間現代的青年旅館。除了其中部分的玻璃屋頂以太陽能板取代之外，這座花園也能夠匯集雨水並且轉化為使用水。特別壯觀的是基地東側鋼構造的利用，佔地2,500平方公尺，也是此公園中最大的區域。平行的道路與花圃空間呼應了駛往巴黎東站的鐵路與過去大廳中的卸貨月台，而花圃則被視作火車的「植物車廂」，其中以耐候鋼製成的水池也特別引人注目。有些空間具有茂密的植被，有些無植物的駐留空間則作為休憩娛樂空間；設計強度由內而外漸弱，如此一來，部分被自生植被遮蓋、通往鐵路設施的通道則會流暢地顯現。

黑色的鋼構造、青年旅館的木造立面與公園的植物世界之間出色地和諧。

較大的樹木在過去的卸貨大廳中具有足夠的生長空間；介於公園內外之間的通道則設有供附近居民種植水果及蔬菜的耕作空間。

盧森堡玫瑰花園中的
水生植物非常豐富，
而且每一個花圃種植
的植物種類都不一樣。
其中睡菜（*Menyanthes trifoliata*）與澤瀉（*Alisma plantago-aquatica*）在這裡生長地非常茂盛。

明亮的主要通道，其軸向是為了使人們憶起過去駛往大廳的
軌道，眾多的街道傢具則提供了在這裡駐足停留的機會。

此案中的池塘不只擁有設計感，還存在著淨化汙水的功能，
能夠將青年旅社的汙水轉化為灌溉用水使用。

粉綠狐尾藻（*Myriophyllum aquaticum*）在德文中又被稱作鸚鵡羽毛草（*Papageienfeder*），而它同時具有沉水葉與挺水葉。其葉子特殊的綠色與細緻的紋路質感很適合運用在陰暗的池塘中。此外，熱帶植物在較淺的水池與花圃中大多容易受凍，而此案將它們種植在靠近建築物的地方，並且有屋頂遮蔽，理論上能夠將這樣的風險降到最低。

珍珠菜（*Lysimachia clethroides*）能夠透過它的匍匐莖快速地成長至一定的數量，而此案則設置了暫時性的柵欄，以防止這樣的狀況發生。

綠色與灰色的親密關係

地點：巴黎，布朗利河岸（Paris, Quai Branly）
規劃設計（戶外植栽）：吉勒・克萊蒙（Gilles Clément）

於2006年開幕的布朗利河岸博物館是法國非歐洲藝術的典藏中心與展覽場所。與其他博物館不同的是，這裡的展覽不是根據民族分類，而是根據作品本身的藝術特色。當然，這棟建築與外部空間的設計也與博物館本身的理念一樣與眾不同。儘管這棟複合建築的尺度很大（光是展覽面積就超過了40,000平方公尺），但是這塊2公頃的基地面積並沒有因此被肆意揮霍。其中200公尺長、宛如踩著高蹺般的主要藝廊看起來就像懸浮在空中，也因此實現了貫穿整個一樓平面的花園設計。透過複雜變化的地形與面朝布朗利河岸的大面積隔音玻璃帷幕牆的結合，建築與外部空間之間產生了一種非常親密的關係。此外，透過茂密的植被，尤其是樹木、竹林以及其他大型草類植物，明顯地強化了這樣的效果。然而，行政大樓中備受關注的植生牆（詳見67頁）卻有時會使人忘記，究竟這整座博物館花園有著什麼樣的高品質。

夜幕降臨時，由雅尼・科薩雷（Yann Kersalé）所設計的燈光裝置將主藝廊下方的區域變成了一個神秘的空間，這個空間裡的地板與天花板佈滿了藍色、綠色和紅色的光線。

多元的竹子種類為這棟建築增添了許多風采。在七月與八月時，這整座花園本身就是一場展覽，而主藝廊中的一個地下室空間則成為了「綠色歌劇院」的表演舞台。

親密的綠色空間，此概念在克萊蒙的設計中以不同尺度體現。

茂密的植栽創造了豐富、碧綠的景觀。透過強壯、容易生長的物種也使維護作業保持在可管理的範圍內。

此案在陰暗的地方運用了許多的蕨類植物，例如圖中翠綠色的對開蕨（*Asplenium scolopendrium*）。

當人們穿梭在花園時可以在許多地方發現巧妙綠化的半戶外空間。這裡的草類植物、草本植物與蕨類植物在夏季能生長至2公尺甚至更高，也使旅客們能夠深深地沉浸在植物世界裡。

雖然一樓通道相對來說光線較少，但是透過合適的物種仍然能夠創造連續不間斷的植栽綠地。而面朝布朗利河岸的隔音牆能夠完全阻隔來自塞納河畔交通繁忙的街道噪音。

植物世界邀請你停下腳步

地點：金絲雀碼頭（Canary Wharf）

規劃設計：福斯特建築事務所（Foster & Partners）

植栽設計：Gillespies und Growth Industry

新建的金絲雀碼頭十字鐵路站預計自2018年才會開始運行，但是在三年前，在這之上所設置的頂樓花園早已敞開了它的大門。這棟新建的複合式建築除了花園與車站之外，還包括了一個購物中心，而此案在視覺上的亮點就是它那拱形的屋頂。長度超過300公尺，並且由無數個三角形分割而成。而這個屋頂的設計意在使人們憶起，過去曾在19世紀踏足全世界並帶回無數外來植物或植物產品的貨運船船身。特別是在屋頂中段的部分，設計者似乎忘記將幾塊三角碎形覆上薄膜，但這是有原因的。這些開口除了用來通風與供應新鮮空氣之外，也使樹木有機會在某些地方穿過屋頂生長。

在這裡運用的木本植物、棕櫚樹、草本植物與蕨類植物代表了維多利亞時代貨運船的貨物，也就是那些植物獵人們從世界各地收集來的植物。根據建築物的東西坐向，設計師將此地的植物劃分為東方與西方兩個區塊。一方面，透過巧妙、流暢的植栽規劃，比較敏感的物種可以「躲」在屋頂的保護下；另一方面來自冬季寒冷區域的物種則可以直接接觸英國的氣候。比較熱門的植物有一些近5公尺高的樹蕨（除了軟樹蕨〔*Dicksonia antarctica*〕外，還包括了金樹蕨〔*D. fibrosa*〕與紐西蘭蚌殼蕨〔*D. squarrosa*〕〕），和許多的竹子種類。此外，到了晚上，透過巧妙的燈光照明，整個空間產生了一種熱帶氛圍。

公園裡密集地種植了幾乎來自所有大陸的植物，其大小甚至超過了4,000平方公尺，並且由一條寬廣的主要通道所貫穿。平行的次要通道或多或少地從主要幹道分支出來，並且串連了許多具有街道傢具的舒適角落。其中十分突出的拱形結構由橡木所包覆，其中如果是連接開口的構架則會由金屬皮層包覆，也因此可以輕易地識別哪些區域沒有設置屋頂薄膜。

建築物上的花園

　　建築物上的花園與植物，其實早已屢見不鮮（詳見第16頁）。只要結構允許，屋頂就能夠發展成為一個具有多元用途與高度設計感的室外空間。然而在設計規劃上，除了屋頂厚度與防火因素之外，還必須特別考慮到植物本身的環境需求。只不過長期以來，許多人所嘗試運用的植物物種，其實是無法適應屋頂上的複雜環境的，例如：高強度的風荷載、高強度的日照以及極端溫度。如今，大部分密集型屋頂綠化所使用的植物仍然仰賴灌溉設備和具有良好儲存能力的土壤基質，也因此對建築結構造成了額外的負擔。因此，多肉植物、耐旱草類植物與開花草本植物便提供了很好的機會，讓我們能夠廣泛地減少人工灌溉的使用。

由埃里克・奧斯特（Eric Ossart）與奧納德・馬烏瑞斯（Arnaud Maurières）所設計的其中一個草海，它除了能夠為暴露在風中的屋頂創造足夠的保護與私密空間之外，同時還能夠提供壯麗的周圍景色。相對於大型樹木來說，草類植物只需要少許的土壤基質，從建築結構的角度來看這是它的其中一個優勢。

95

當墨西哥遇見巴黎聖母院

地點：巴黎聖母院假日酒店（Paris, Holiday Inn Notre Dame）
設計規劃：奧納德・馬烏瑞斯與埃里克・奧斯特

究竟，在密集型屋頂綠化之中存在著什麼令人意想不到的潛力？想回答這個問題，自然就必須提到位於丹敦街（Rue Danton）的假日酒店，因為如今已經很難體驗到比假日酒店還棒的屋頂綠化，意外的是，它居然距離法國首都最大的旅遊景點只有短短幾百公尺。單單只是四周的景色就值得讓人在這裡停留，因為在這170平方公尺大的屋頂平台不單可以看見巴黎典型的鋅屋頂，還能夠看見巴黎聖母院（Cathédrale Notre-Dame de Paris），甚至是遠處的艾非爾鐵塔（Eiffel Tower）與蒙馬特（Montmartre）。然而，想要提升這樣的地點本身就具有的效果，還需要一個傑出的概念。而這個傑出的概念正好被馬烏瑞斯與奧斯特提出；他們作為植物專家，

先後在法國中心、地中海沿岸和摩洛哥闖出名堂，如今則生活在墨西哥。當飯店客人搭乘電梯抵達頂樓，接著直接走出室外，他們馬上就能感覺到他們進入了另外一個世界，並且藉由他們的雙腳去探索巴黎，而這正是設計師的意圖。他們在木質鋪面的平台上設計了許多圓形的鋅色花盆，而圍繞著花盆則設置了環繞的座椅，如此一來，客人一方面能夠將遠方的景色盡收眼底，另一方面又能夠觀看他們身後植物的細節表現。而這裡包含了各式各樣的仙人掌、高達1公尺的王蘭（Yucca）與其他看起來像是從熱帶沙漠地區中逃跑出來的植物。而這些植物會無法適應冬天嗎？完全不會。即使是植物觀察家，當他們得知這裡所有的植物都具有充足的耐寒能力，並且在沒有特別保護的狀況下，還能安然無恙地度過每個巴黎的冬天時，也會時常感到驚訝。而其中的秘密就是一種極度透水的土壤基質，再加上暢通的風力效應可以使植物快速地脫水，因此植物就算在冬天也完全不怕腐爛。至於水分：在這裡甚至可以完全不使用灌溉系統，我們還能要求什麼呢？

這座屋頂花園的主角之一就是紅絲蘭（Hesperaloe parviflora），而它在夏季時會開出紅色的花朵。

在這座屋頂上大部分使用的植物來自於墨西哥北部的半沙漠地區與鄰近的美國各州，例如紅絲蘭（Hesperaloe parviflora，圖片前方）與龍舌蘭（H. funifera，圖片後方）、墨西哥羽毛草（Nassella tenuissima）、喙絲蘭（Yucca rostrata）和各式各樣的仙人掌。

結束在巴黎體驗豐富的一天後，客人們能夠來到屋頂的酒吧欣賞巴黎的黃昏景色與艾菲爾鐵塔，其中的植物盆栽則豐富了令人放鬆的度假氛圍。而像喙絲蘭（*Yucca rostrata*）、龍舌蘭（*Agave scabra*）和縮刺仙人掌（*Opuntia stricta*）這些特別帶刺的物種則大多被安排在花圃中央或是作為背景，其他比較不危險的植物例如黃戟草（*Euphorbia myrsinites*）、多樣的艾屬物種（*Artemisia*）、墨西哥羽毛草（*Nassella tenuissima*）、藍羊茅（*Festuca glauca*）和無刺的圓武扇（*Opuntia humifusa*）則被種植在花圃的邊緣。

一棵壯觀的樹絲蘭（*Yucca filifera*）已經明顯超越了3公尺高，而它周圍圍繞著一圈密集的縮刺仙人掌（*Opuntia stricta*），使它在多風的環境中也能得到充足的保護。

巴黎的大草原

地點：巴黎，市中心

設計規劃：奧納德・馬烏瑞斯與埃里克・奧斯特

在巴黎市中心種植一片200平方公尺的大草原，似乎聽起來有點奇怪。然而當人們越深入這個設計案、這棟戴高樂廣場（Place de l'Etoile）中最高聳的建築之一，就越能夠理解馬烏瑞斯與奧斯特在其中所實踐的設計理念。在本設計案中，一位來自美國的客戶希望可以將原本只作為機械設備用途的屋頂轉變成一座花園。然而，原本的建築結構卻沒有辦法承受這樣的用途與更多的載重。在機緣巧合之下，這兩位設計師正好在不久前去了一趟美國的中西部，也就是在那裡，他們遇見了一片無邊無際的大草原。

有鑑於只有20公分的土壤厚度，每當人們看見這裡的草地所具有的豐富度與生命力時，都不由得十分驚訝；其中除了來自北美洲的物種如柳枝稷（*Panicum virgatum*）與印地安草（*Sorghastrum nutans*），也有來自南美洲的植物如銀蘆（*Cortaderia selloana*）與來自亞洲的植物如中國芒（*Miscanthus sinensis* 'Morning Light'）、荻（*M. sacchariflorus*）與狼尾草（*Pennisetum alopecuroides*）。黃色的金光菊（*Rudbeckia nitida*）和紫羅蘭色的美國紫苑（*Aster novae-angliae* 'Andenken an Alma Pötschke'）則分別為這裡增添了許多色彩。而無花果（*Ficus carica*）身為這裡唯一的喬木，也藉由它獨特的樹葉創造了與其他植物之間的鮮明對比。

被作為街道傢俱的阿迪朗達克椅（Adirondack Chairs）非常適合這裡的草原植被。

在風中搖曳的草類植物花朵使人們很快地忘記，其實自己正身處於一座大城市的市中心。不同於自然環境，草類植物在這裡無法生長出公尺深的根部，因此從春季到秋季之間穩定的水分灌溉是必不可或缺的。

草原的富麗

地點：維也納，美泉（Wien, Schönbrunn）
設計規劃：史蒂芬‧施密德（Stefan Schmid），尤爾根‧克尼克曼&赫爾姆特‧皮爾克（Jürgen Knickmann & Helmut Pirc）

半乾旱氣候的特性為冬季寒冷與夏季乾燥，而歐洲草原正是在這樣的環境中以草類植物為主的一種景觀，我們也可以將其視為歐洲版本的北美大草原。而歐洲草原的最西邊可以追溯至匈牙利以及其周邊的區域，也就是以其特殊的物種結構為特徵的潘諾尼亞平原（Pannonikum）。而位於維也納附近山頭上的天然草原區，往往因為土壤厚度的不足導致喬木無法長期生長，卻也因此為物種豐富與開花豐富的植物群落提供了生存空間。

幾年前，當聯邦園藝高等教育研究所（Höhere Bundeslehr- und Forschungsanstalt (HBLFA) für Gartenbau）決定新建一棟大樓時，他們認為新建大樓的屋頂不只要進行綠化，同時也應該作為教職員工與學生的休息空間，顯而易見地，讓四周環境中的自然植被去影響屋頂自然是最好的方法。這項半粗放型屋頂綠化於2010年完成，並且以特別為屋頂花園所研發的25公分土壤強化層作為基礎。其中植物的規劃則遵循著混合植栽結構的安排原則，將大部分的植物隨機分布在基地中，只有少部分的植物是根據設計理念事先安排的。而較外部的區域則種植了一些小型喬木，例如蕕屬植物（*Caryopteris*）、揚波屬植物（*Buddleja*）、西洋紫荊（*Cercis siliquastrum*）、少女黃櫨（*Cotinus coggygria* 'Young Lady'）或是分藥花屬植物（*Perovskia* 'Blue Spire'）。而在中間無樹木的區域中，銀穗草（*Stipa calamagrostis*）則成為了撐起植栽結構的重要角色。

由灰色的混凝土磚所構成的路網貫穿了這座屋頂花園。

針茅屬植物（*Stipa*）、鼠尾草（*Salvia officinalis*）、假荊芥新風輪菜（*Calamintha Nepeta*，圖片前方）、分藥花屬植物（*Perovskia*）與藍燕麥草（*Helictotrichon sempervirens*，圖片後方）一同構成了夏天的景致。

春天時分，金黃大戟（*Euphorbia polychroma*）神采奕奕地閃耀著。而為了不讓它生長地太過氾濫，必須定期去除它的幼苗。在這之中，匍匐婆婆納（*Veronica prostrata*）則開出了淡藍色的花朵。然而，在施工完成後僅僅過了短短幾年，這裡的植栽狀態就幾乎達到了設計師所預期的目標：主要的維護工作限縮至二至三次，並且只有在極度乾燥的時期中才需要進行水分灌溉，當然，即便如此也必須謹慎地完成養護工作。

仲夏時節，這裡的景色以粉紫色的混種香香科屬植物（*Teucrium × lucidrys*）與藍色的薰衣草（*Lavandula* 'Richard Grey'）為主。平坦生長的植物，例如多花景天（*Sedum floriferum* 'Weihen-stephaner Gold*，圖片中已經結成褐色的果實）則幫助了灌木生的植物種在隨機生長的狀態下達到最佳的效果。而為了獲得如草原般稀疏的生長效果，必須定期修剪某些容易生長或是蔓延的伴生種，例如鼠尾草（*Salvia officinalis*，圖片中具有黃綠色的葉子與金色的果實）。

在夏末時期，銀穗草（*Stipa calamagrostis*）則主宰了植被景致；紫色的雅美紫苑（*Aster amellus*）與麻苑（*Galatella linosyris, Syn. Aster linosyris*）則貢獻了豐富的色彩；灰綠色的葉子則來自於鼠尾草（*Salvia officinalis*），而圖片中靠前方的假荊芥新風輪菜（*Calamintha Nepeta*）則綻放著白色的花朵。在某些日照強烈或是下雨的日子裡，一間開放式藝廊也能夠為訪客遮風避雨。

即使到了深秋或是冬季，這座色彩斑斕且結構豐富的屋頂花園依舊使人流連忘返。十一月時，銀穗草（*Stipa calamagrostis*）則會呈現出耀眼的亮橘色。

105

更少的水，更多的花朵

地點：倫敦，巴比肯藝術中心花園
（London, The Barbican Beech Garden）
設計規劃：奈傑爾·鄧尼特，泰娜·索妮歐&景觀設計所
（Nigel Dunnett, Taina Suonio & The Landscape Agency）

位於倫敦市中心的巴比肯藝術中心（Barbican）自開幕後成為了1970年代歐洲最大的展覽與會議中心。這棟平坦的建築設置了一座可自由通行的屋頂花園，除了種植草坪和較大的樹種之外，還設計了會交替演變的花圃。但由於原本的維護成本（灌溉）相當可觀，因此後來館方決定以維護成本較少的綠化系統取代原本的植栽。這個綠化系統根據基地分析發展為三個不同植栽類型的區域，並且在2015年完工，其中最大的區域加入了開花豐富卻同時具有耐旱特性的草地。這個系統並不只是單純直接複製自然的植物群落，更同時結合了生長特性類似卻又能同時互補的植物。這片草地生長在25公分厚且具有充足日曬的屋頂花園土壤基質（礦物質，半密集型）之上，也因為這座屋頂的承重能力許可，土壤基質的厚度因此得以增加。這些區域中的草地甚至可以透過與樹木的結合發展成為一片灌木草原。在某些半遮蔭的區域中，結構甚至可以允許鋪設90公分厚的土壤基質，也因此得以種植由多枝幹的樺樹所組成的稀疏「林地」。此外，如今只有在極度乾旱的狀況下才有需要進行灌溉。

草地植栽的區域中種植了許多具有耐旱特性的草類植物，例如亮藍禾（*Sesleria nitida*），藍燕麥草（*Helictotrichon sempervirens*）、小穗臭草（*Melica ciliata*），這些植物共同形成了一個靠近地面的基質層，在春天至夏末之間，許多的開花草本植物都會從這個基質層中誕生。六月時，白花毛剪秋羅（*Lychnis coronaria* 'Alba'）與花蔥球王（*Allium* 'Globemaster'）也會綻放美麗動人的花朵。

同一塊區域，在三個禮拜之後則長滿了火炬百合（*Kniphofia* 'Tawney King'）、小藍刺頭（*Echinops* 'Veitch's Blue'）與柳葉馬鞭草（*Verbena bonariensis*）。

春季才剛開始，這片屋頂花園的草地就已經展現出光鮮亮麗的色彩，而鬱金香與大戟則是這場接力賽的第一棒。

這座稀疏「林地」由三個層次所構成：最上層由樺樹（*Betula jacquemontii*）提供遮蔭與光影；鬆散分布的灌木則作為點綴；而最下層則是由種類豐富的草本植物所組成。四月時，具有深色葉子的歐洲筋骨草（*Ajuga* 'Catlin's Giant'）與心葉牛舌草（*Brunnera macrophylla* 'Jack Frost'）也相繼開出動人的花朵。

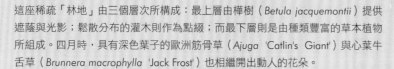

在春季快結束時，這個草本植物層的顏色基調則以白色為主，代表性植物有西洋樓斗菜（*Aquilegia vulgaris* 'Nivea'）、歐亞香花芥（*Hesperis matronalis* 'Alba'）與白穗地楊梅（*Luzula nivea*）。

秋天時，這片灌木草原的景色又產生了明顯的變化，
主要的草本植物轉變為秋牡丹（*Herbst-Anenome
'Honorine Jobert'*）。但是由於屋頂上的環境較乾燥，
導致它在這裡的生長高度比一般情況下還矮。與之相
伴的植物有玉蝶花（*Gaura lindheimeri 'Whirling Butter-
flies'*）與許多草類植物的種子。此外，某些喬木的表
現更加精彩，並且具有色彩絢麗的葉子顏色，其中以
拉馬克唐棣（*Amelanchier lamarckii*）最為突出。

夏天時，這片灌木草原中更是開出了許多
美麗的花朵，其中最為突出的就是亮紅色
的美國剪秋羅（*Lychnis chalcedonica*）。
這個時節中登場的植物主角還有白花毛剪
秋羅（*Lychnis coronaria 'Alba'*）、林地鼠
尾草（*Salvia nemorosa 'Caradonna'*）與淡
黃褐色的洋蓍草（*Achillea 'Terracotta'*）。

後院與前院

　　建築物周圍的庭院、建築物前面的空地，或是建築物之間的縫隙——這些地方都可能擁有著城市綠化中最大的潛力。植物通常可以在這些地方的土壤中扎根，並且受惠於建築物的影響，能夠抵擋寒冷與強風的侵襲；而過去在某些中歐城市中，嚴寒甚至對人們來說是一個陌生的名詞。然而，由於建築物的影響，使得能夠到達地面的雨水不斷減少。此外，在物種的選擇上也必須顧及到日照不足甚至無日照的情況。同樣地，在森林中也存在著類似情況，但是我們可以發現，某些生長在森林底層植被的植物發展出了大面積的葉子，如此一來，它們就能夠最有效率地吸收稀少的陽光。利用這些知識與溫度上的優勢，我們也許就能夠在庭院與建築物前面的空地，為某些(副)熱帶植物創造出碩果僅存的可能性。

位於佛萊堡（Freiburg）的一個住宅區，由安德烈亞斯・維德邁爾（Andreas Wiedmaier）創造的「綠地之間（Zwischengrün）」：這裡的熱帶氛圍從六月一直到十月都十分鮮明。六月時，紫菫（*Corydalis* 'Spinners'）開出了藍色的花朵，雲南大百合（*Cardiocrinum giganteum* var. *yunnanense*）與虎耳草（*Saxifraga stolonifera*）此時也正處於花季。圖片中靠近花圃邊緣的大葉子來自於岩白菜（*Bergenia* 'Eden's Magic Giant'），而圖片最右側更大的巨型葉子則來自通脫木（*Tetrapanax papyrifer*）。

理性與野性的邂逅

地點：巴黎市中心

設計規劃：奧納德・馬烏瑞斯與埃里克・奧斯特

本案中，由米白色的天然石材所構成的建築立面圍塑出了一個帶有務實氛圍的金融諮詢世界，然而，當一個庭院被這樣的氛圍環繞時，設計師該如何回應呢？會是以奢華絢麗的色彩與多變的空間形式嗎？還是以毫無幻想空間、嚴謹的空間秩序呢？然而，這個設計案則提出了一個兩全其美的方案。所有道路與花圃之間都是直角，金屬直立構件與石籠也傳達出清晰與低調的設計語彙。但是在花圃之中卻又透過高大的草本植物流露出自然原野的本性，其中包括了強壯的物種，如山羊鬍子（*Aruncus dioicus*）、老鸛草（*Geranium endressii*）、细垂薹草（*Carex pendula*）與秋牡丹（*Anemone hupehensis*）。在另一側則是安排了某些高度比人還要高的副熱帶植物，兩側所形成的反差幾乎不能再更誇張了。在這群帶有異國風情的植物中，最突出的當屬芭蕉（*Musa basjoo*），它除了高度能達到5公尺之外，還透過鮮綠色的葉子展現出了亮麗的色調。此外，其中也結合了許多植物例如棕櫚樹（*Trachycarpus fortunei*）、八角金盤（*Fatsia japonica*）、西藏虎皮楠（*Daphniphyllum himalayense*）與枇杷（*Eriobotrya japonica*）。兩棵藍葉叢櫚（*Chamaerops humilis var. cerifera*）則透過它們藍灰色的葉片為這個空間增添了變化。一個4×3公尺大的天井中生長著各式各樣的蕨類植物，其中兩棵軟樹蕨（*Dicksonia antarctica*）拔地而起，好似即將在上層的植被裡打鬧玩耍。儘管這些高大的草本植物散發出了適度的野性，並且呈現出季節性的動態變化，這裡的植栽仍然易於維護。

花朵適時地點綴了花圃卻又不顯高調，圖片中為秋牡丹。即使是在山羊鬍子的花季，這裡的色調仍以綠色為主。

蓊鬱的植栽之間創造了鮮明的對比，但是本身卻不會顯得格格不入。

透過明亮的建築立面與窗戶反射,庭院中獲得的光線相對地很多。但更重要的是,這座庭院中所使用的植物並不會讓空間顯得很陰暗,透過芭蕉翠綠色的葉子反而創造了輕鬆歡快的氛圍。

此處的天井就像是蕨類植物的庇護所,而這兩棵軟樹蕨的生長高度明顯得利於這種受保護的環境。其中枇杷(*Eriobotrya japonica*)的樹枝懸浮在空中,也為天井提供了些許樹蔭。

在副熱帶植栽區域裡，藍葉叢櫚（*Chamaerops humilis var. cerifera*）閃耀著藍灰色輪扇狀的葉子，儼然成為了鎂光燈的焦點。即使在花期過後，山羊鬍子（*Aruncus dioicus*，圖中包含了雄性與雌性植株）以及細垂薹草（*Carex pendula*）的果實仍然為高大的草本植物群填充了淡淡的顏色。

大城市叢林中的兩塊林中空地

地點：巴黎

設計規劃：卡米爾·穆勒（Camille Muller）

以巴黎的城市尺度來看的話，面積為250平方公尺的庭院其實是十分寬敞的。這座庭園周圍的17世紀建築幾乎沒有面向庭院的窗戶，然而，想要在這座大城市中打造具有私密性的休憩空間，這似乎還不是最差的條件。但是以往以些許攀緣植物或是單個喬木植栽為主的設計方式是行不通的，因為建築牆面的緣故會使人感到壓迫。解決方案就是：利用視覺感受強烈、高度甚至可以達到4公尺以上的竹子（*Phyllostachys nigra*）在邊界區域進行密集的綠化。乍看之下也許十分矛盾，但是這樣的方式卻能夠創造機會，在不受四周建築物的干擾之下發展出獨立的景色。庭院中心設置了一個由大片石

板所構成的寬敞平台，利用抬高量體的手法，運用短短幾公分創造出視覺上懸浮的效果。與竹子相反，強調水平線或是葉子變化多端的植物則散發出了輕鬆的氛圍，在理想狀況下，某些植物甚至這兩種特性都具備，例如寶塔山茱萸（*Cornus alternifolia* 'Argentea'）。

由於本案中的建築量體是以一層樓為主，只有部分建築高度達兩層樓，因此第二庭院（詳見下頁）的設計出發點完全截然不同：植物要如何在這裡生長茁壯？這次的方法則是一個巨大的屋頂結構、大型的植物容器、灌溉系統、多樣化的攀緣植物與聳立的業平竹（*Semiarundinaria fastuosa*），而後者正是為數不多，直接在土壤中扎根的植物。

一個被多種蕨類植物所包圍的池塘，其中包括了像是圖片中央的歐洲耳蕨（*Polystichum aculeatum*）。此外，在竹林裡隱藏著一座涼亭，透過紅色元素與竹子的結合使人產生了與日本的聯想，雖然這並不是設計者的本意。

除了大面積的平台與圖片中央寶塔山茱萸（*Cornus alternifolia* 'Argentea'）變化多端的葉子之外，翠綠色的嬰兒淚（*Soleirolia soleirolii*）與恰到好處的庭園雕塑一同創造出了愜意的氛圍。此外，庭院中的某些樹種具有明顯傘狀的樹枝，例如南天竹（*Nandina domestica*）、雞爪楓（*Acer palmatum*）與遼東楤木（*Aralia elata*，未出現在圖片中）。

由於庭院並不是整片興建，因此植物能夠扎根的土壤面積只有少少的幾平方公尺。而在這樣受保護的環境之中，軟樹蕨（*Dicksonia antarctica*）與業平竹（*Semiarundinaria fastuosa*）生長地特別好。

這些盆栽之中種植了大部分的攀緣植物，它們被平行地安裝在牆壁或是鋼結構上，然而其中的土壤數量卻少得驚人。為了維持長久的效果，灌溉設施以及定期施肥都是必須的。

庭院的植栽彷彿延伸到了室內空間。

無論是誰，當他們看見這片茂密的庭院植栽時，都很難想像，這些植物究竟生長在多麼少的土壤中。夏天時，白色的鄰房與鋅板屋頂將大量的太陽光反射到庭院內，而植物則化身成為綠色的空氣和光線過濾器。

底層綠洲

地點：柏林，舍嫩貝格區（Berlin, Schöneberg）
設計規劃：加布里埃拉·帕普，伊莎貝爾·範格羅寧根&
克里斯蒂安·奧托（Gabriella Pape, Isabelle Van Groeningen
& Christian Otto）

在面積約為80平方公尺的土地上設計一座花園，同時還必須創造不同的視野軸線與休憩空間，聽起來似乎是一件困難的任務，特別是當我們設計一座庭院時。然而，唯一的一絲希望就是：鄰居的庭院土地；它除了能夠使空氣更流通之外，也為植栽設計提供了許多樹木元素，甚至還能夠「分享植物的綠意」。這座花園的中央種植了許多軟樹蕨（Dicksonia antarctica），不過即使是在柏林的庭院中也要謹慎地保護它們，以防止寒冬的侵襲；另外也種植了許多對於環境條件要求較低的棕櫚樹（Trachycarpus fortunei）。一條長度可觀的小徑圍繞著這些植物，在行走的過程中必須謹慎地注意材料的變換，從木頭至石頭，再由石頭轉化為沙子。此外，在小徑左右兩旁的地面上有一些小小的「駐足點」，這些駐足點之中種植了許多草本植物，包括了楓葉蔓根（Heuchera villosa），或是在陰暗處仍然能夠綻放花朵的抱莖蓼（Bistorta amplexicaule 'Album'）。具有巨大葉子的日本泡桐（Paulownia tomentosa）被規律地種植在地面上，與種植在盆栽中的巨人大黃（Gunnera tinctoria）和通脫木（Tetrapanax papyrifer）共同營造了熱帶氛圍。此外，自由生長的竹籬可以遮擋住不美觀的防火牆與來自鄰居窗戶的視線，其中還種植了洋玉蘭（Magnolia grandiflora）與常春藤。蕨類植物與知風草（Hakonechloa）則使這幅氣氛濃郁的景色更加完整。如果想要觀察這座花園中的所有細節，那就真的必須漫步於其中，並細細品味。

巧妙的路線引導與被安排於其中的亮點（例如一棵棕櫚樹），使人在行走時必須穿越其中，也間接地使人感覺，這座花園似乎比原本的還要大。由忍冬（Lonicera nitida）組成的低矮圍籬則作為了地面上的常綠植栽結構。多變的植物種類與材料創造出了一幅變化多端的景色，也提供了人們不同視角去觀看與體驗。

這樣的異國風情會一直延續到深秋。具有多樣物種的茂密植被將人們的視線引導至地面，同時也使人忘記，其實自己四周正環繞著四至五層樓高的建築群。

布賴斯高的樹葉圓舞曲

地點：弗萊堡（Freiburg）

設計規劃：安德烈亞斯·維德邁爾（Andreas Wiedmaier）

一般來說，多層建築之間的空地能夠創造的魅力十分有限，因為這些空間中只種植了一些樹木、常綠木本植物與草坪。然而，來自德國西南部的一個設計案例則告訴了我們，如何在兩年內，將一塊小面積的植栽綠化品質提升到完全不同的檔次。在這塊40平方公尺大的土地中生長了超過200種植物，其中有些甚至是來自於副熱帶雨林地區、且從未在德國嘗試種植的物種。布賴斯高（Breisgau）時常被認為是個氣候宜人的地區，但這並不能清楚解釋，為何在這裡生長的植物如此茂盛，因為這樣的情況通常只發生在植物園的溫室裡。由於這個地區中的村落地勢略高，因此大大降低了植物受凍的風險，而植物在建築物的庇護之下也有利於對抗寒風，同時防止冬季日曬導致凍旱的發生。這裡的植物在冬天時也不需特別保護，只需任其在環境中自由生長，更重要的是它們多變的葉子形狀與顏色所帶來的空間張力。由於這裡的植物很多都是在夏季落葉，在寒冷的季節中反而能展現它們的葉子之美。而花朵正是畫龍點睛的要素，正所謂萬綠叢中一點紅，這裡的花朵時而帶點淡淡的粉紅色或是紫色，時而則帶點鮮黃色或是橘色。

仿造一條似乎快乾涸的小溪流；當植物生長最繁茂的盛夏時節來臨時，人們彷彿就在迷你叢林中探險一般。兩棵來自原始植被中的柳葉栒子（*Cotoneaster salicifolius*）在背景中自由生長，但仍然會透過修剪來控制其大小。

圖片左上方為凸尖杜鵑（*Rhododendron sinogrande*），中間為峨眉鳳仙花（*Impatiens omeiensis*），左邊和右邊為斑龍芋（*Sauromatum venosum*），下方則是心葉牛舌草（*Brunnera macrophylla* 'Jack Frost'）。

布萊布特羅伊3號的蕨類多樣性

地點：柏林，夏洛滕堡(Berlin, Charlottenburg)
設計規劃：丹尼爾·卡普斯塔&克里斯汀·梅爾
(Daniel Kapusta & Christian Meyer)

雖然城市中存在的天然種子植物數量比郊區還多，但蕨類植物卻不是如此。但是，這並不代表蕨類植物無法在城市中生長。恰恰相反的是：由於陰涼的庭院具有腐殖質豐富、且不會太過乾燥的土壤，反而提供了良好的生長環境條件。如何在庭院設計中長期地運用這樣的物種豐富度，布萊布特羅伊街3號做了非常好的示範。一座被柏林典型的四層樓住宅所圍繞的庭院，從25年前開始慢慢地展開了綠化工程。如今，除了一些紅葉樹種之外，特別是蕨類植物也影響了整體植栽的色調，它們通常會與許多不同的觀葉草本植物與草類植物結合。這裡的蕨類植物種類十分豐富，除了高大的蕨類，例如近1.5公尺高的皇家蕨(Osmunda regalis)與鱗毛蕨(Dryopteris affinis)，還包括了細緻的鐵線蕨草(Adiantum pedatum)、夏季落葉的對開蕨(Asplenium scolopendrium)與帶有不同顏色的日本蹄蓋蕨(Athyrium niponicum)。當許多的栽培植物種類聚集在一起時，觀看者就能夠感受到蕨類的型態多樣性，例如多鱗耳蕨(Polystichum setiferum)。與之形成鮮明對比的是玉簪屬植物(Hosta)，而玉簪在大型且雄偉的植物群裡更是代表性的植物。再多看幾眼就能發現其中的植物所具有的樹葉之美，例如叉葉藍(Deinanthe caerulea)、水苧麻(Boehmeria platanifolia)或是鬼燈檠(Rodgersia)。為了擴大這座約300平方公尺大的「院中花園」在視覺上的空間感，許多的蕨類與玉簪被種植在庭院邊緣的大型盆栽裡。在一個以綠色調為主的空間中，一些葉子多變和五彩斑斕的植物種類又增添了不少生氣。除了前面所提到的紅葉樹種之外，黃綠色的金色知風草(Hakonechloa macra 'Aureola')最為引人注目，透過具有黃色竹竿的金鑲玉竹(Phyllostachys aureosulcata 'Spectabilis')更加強了它的視覺效果，此外，藍葉的玉簪在其中也十分突出。林緣草本植物例如樓斗菜(Aquilegia)與暗色老鸛草(Geranium phaeum)的花朵眾多且精緻，也使庭院景色更加豐富。

布萊布特羅伊街的庭院——即使在高樓層中也能看見窗外美麗的庭園景色。

圖中靠前方右手邊為日本蹄蓋蕨（Athyrium niponicum 'Metallicum'），在其之上為鐵線蕨草（Adiantum pedatum）；圖片靠前方中間為對開蕨（Asplenium scolopendrium），被覆蓋在鬼燈檠（Rodgersia podophylla）的葉子之下；多虧了卡普斯塔在其中運用了富含腐殖質的土壤，因此它們能夠生長地十分良好。在圖片中央為開滿花朵的巴西杜鵑（Rhododendron 'Brasilia'）。

色彩繽紛的綠意

地點：蘇黎世，阿爾特施泰滕區（Zürich, Altstetten）

設計規劃：福斯特園藝（Forster Baugrün AG）與

英戈爾德園藝&綠化（Ingold Gartenbau & Begrünungen）

　　身為一座無死角的辦公大樓採光中庭，理當要具有四季可見且變化多端的植栽。不過由於日照不足，設計師因此決定創造一個由各種苔蘚植物、蕨類植物與草類植物所組成的微型景觀，這樣的品質也使人聯想到日本知名的苔蘚花園。一般來說，這樣的景色需要花上幾十年甚至幾百年才能夠形成，但是這座蘇黎世的庭院卻只花了幾個月就打造成功。這要多虧為了培養苔蘚所優化的土壤結構，其中包括了能夠蓄水與透氣的底層，以及專門培養苔蘚的土壤基質，而配有滲透設備的自動灌溉系統則維持了濕氣的穩定。許多的苔蘚植物種類被種植在石頭或是小型石階上，例如仙鶴苔屬（*Atrichum*）、曲尾苔屬（*Dicranum*）、灰苔屬（*Hypnum*）、地錢屬（*Marchantia*）、擬白髮苔屬（*Paraleucobryum*）與金髮苔屬（*Polytrichum*）。此外，每年的主要維護作業次數縮減至兩次，分別在春天與秋天進行，並額外進行三次作業，以清除不需要的幼苗。

多樣化的苔蘚植物、蕨類、草類植物和一些常春藤一同創造了色彩繽紛的綠意。而被苔蘚覆蓋的石頭則豐富了微型景觀中的地形，也傳達了有如山林土地的意象。

蕨類植物也能夠如同苔蘚植物一般華麗的生長，例如圖片前方，來自東亞的紅蓋鱗毛蕨（*Dryopteris erythrosora*）。

127

蘇黎世的水下金字塔

地點：蘇黎世，歐洲林蔭大道21號（Zürich, Europaallee 21）
設計規劃：火山工作室（Studio Vulkan）與
英戈爾德園藝＆綠化（Ingold Gartenbau & Begrünungen）

具有反差的事物會自然地吸引人們的注意力，而在這個庭院中就存在著許多反差：深色的建築立面、米白色的殼灰岩，和看起來就像積聚在這「水中建築」的最低點、這片淺池子中的水體。實際上，來自四周建築物屋頂的雨水都會匯集在這，待積聚至一定的量後作為灌溉用水使用（當降雨量特別大的時候，過多的雨水會被儲存在地下水道中）。

然而，其中最強烈的反差則來自於這棟現代建築本體與植栽之間。多樣的蕨類、苔蘚植物、些許的草類植物與鳶尾都能夠在這些石灰岩板之間的縫隙中生長良好。在這樣濕氣穩定的地方，植物看起來正以「勢不可擋」的速度蔓延，屆時，整個庭院雜草叢生似乎只是個時間問題……但是，藉由巧妙的灑水系統，透過小分子的水霧氣供給或是局部供水分離，利用這些方式暗中控制植物生長的區域，就能夠避免雜草叢生的狀況發生。

在蕨類植物群中也能夠觀察到鮮明的對比：例如單葉、葉革質、翠綠色的對開蕨（*Asplenium scolopendrium*）與具有二回羽狀複葉的多鱗耳蕨（*Polystichum setiferum* 'Herrenhausen'），或是具有灰色葉片的鬼蕨（*Athyrium niponicum var. Pictum* × *A. filix-femina* 'Ghost'）。此外，苔蘚植物也能夠生長在像這樣濕氣穩定的地方，例如同蒴苔屬（*Homalothecium*）、灰苔屬（*Hypnum*）、金髮苔屬（*Polytrichum*）與曲尾苔屬（*Dicranum*）。

堆疊的石灰岩板中爬滿了許多蕨類與苔蘚植物，不禁令人聯想到中美洲的瑪雅金字塔。

128

熱帶中的早餐

地點：巴黎聖母院假日酒店（Paris, Holiday Inn Notre Dame）
設計規劃：奧納德・馬烏瑞斯與埃里克・奧斯特

城市旅遊一向不被認為是一種「休閒度假」，儘管如此，如果能夠輕鬆地開始一天的旅程仍然是很美好的，特別是在溫暖的夏季裡。雖然巴黎聖母院假日酒店的庭院不到100平方公尺大，但只要旅客一踏入，很快地就能感受到自己彷彿身處於熱帶之中。然而，玻璃欄杆和不鏽鋼邊框所圍繞的架高花圃則增添了些許城市氛圍。本案也利用了淺米色的大面積石磚作為地板鋪面，創造了「由下而上的光」。此外，這裡的植栽不需要任何的花卉裝飾，設計的品質完全由對比鮮明的葉子輪廓與紋理來營造，透過樹木獨特的樹枝還能夠增強這樣的對比。其中在視覺上最為突出的當屬八角金盤（*Aralia japonica*），不同於它德文名字中的含義（Zimmeraralie，意思是房間裡的椶木），這種植物能夠忍受持續數天的霜凍期，在冬季中生長發育，並且毅力不搖地站在陰涼處。而樹冠生長地比八角金盤還高的棕櫚樹也提供了很好的遮陽效果。

八角金盤、棕櫚樹（*Trachycarpus fortunei*）與枇杷（*Eriobotrya japonica*）很好地阻絕了視線，提供了良好的隱蔽性，從街道側也看不見室外的露台。

飯店的小庭院綠意盎然，其中的主角就是八角金盤（*Aralia japonica*）。此外，本案在庭院的邊緣設計了一道石籠牆與水池，在地面上則運用了臺草屬植物（*Carex spec.*）與海芋（*Zantedeschia aethiopica*）去營造蓊鬱的綠化效果。

以樺樹林取代花卉

地點：拉內拉格，都柏林（Ranelagh, Dublin）
設計規劃：海倫・狄龍（Helen Dillon）

好幾十年來，狄龍所設計的花園一直都是精緻花卉與色彩規劃愛好者的朝聖地，這些花卉也在隨著季節變化的花壇之中靜靜地等待造訪者的到來。一幅完全不同的景色，在愛爾蘭的花園世界中由一位貴婦的前院花園所呈現：不同於人們對於典型喬治王朝時期房屋的期待，這裡沒有「栽培的」花圃或是草坪，取而代之的是從2005年以來就在這裡存在的，由超過50棵糙皮樺（*Betula utilis* 'Fascination'）所組成的小樹林。這樣的場景靈感似乎是來自於某些荒地，因為隨著時間的推移，這些荒地之中往往會有許多的樺樹形成小樹林。然而，礦物質覆蓋層又間接增強了這種荒地的印象，許多流浪植物例如威爾斯綠絨蒿（*Meconopsis cambrica*）或是大凌風草（*Briza maxima*）都在這裡找到了合適的生存空間。淺色的自然石板形成了一座更大的前庭，而透過與這些石板的結合匯聚了三種截然不同的設計元素，一同創造了親切、大方的整體空間印象。儘管在樹木之間存在著高度的競爭力，但自種植之後經過了十年，這些樺樹大部分仍然健在。以長期的維護角度來看，植物較小的生長幅度反而相當具有正面成效。

一年四季之中，白色至淡粉色的樹皮彷彿為糙皮樺上了妝。此外，儘管種植了許多密集的、聳直的樹木，這裡還是創造出了一個親切的空間，而其中也生長了許多的陰性植物。

明亮的顏色是這個前院的共同元素。單單透過運用一棵多枝幹的樺木便創造出了一幅更加自然的景色。

佔據公共空間

　　在城市中有許多區域長期被劃分為建設用地、交通區域或是用作其他用途。但由於科技發展、需求改變或是規劃錯誤，往往導致某些區域無法依照當初的設定所使用，或是沒辦法達到當初所設定的標準，而這些地方往往都不美觀，也不具有吸引人的特點。於是我們有了機會，能夠藉由植栽去有效地提升這些區域的品質。

公共空間中的場所必須滿足許多使用需求。在城市中所剩餘的空間創造一個有意義、有辨識度、有停留價值的景觀，這種行為本身就是一種藝術。然而，緹塔·吉斯（Tita Giese）卻成功創造了一個獨立的（植物）世界，它既反映了城市，也襯托了城市（恩斯特·羅伊特廣場，杜塞道夫〔Ernst-Reuter-Platz，Düsseldorf〕）。她透過人工的手法（白色的石英碎片，去除植物底部嫩枝上的葉子），與帶有異國風情的植物（竹子，棕櫚樹）創造了具有野性的景觀。此外，維護作業也是在吉斯助手的精確指導下所進行的。

交通分隔島

地點：杜塞道夫（Düsseldorf）
落實：緹塔‧吉斯

在不久之前，我們仍無法想像，究竟如何在街道空間中進行高品質的植栽綠化。街道植栽最重要的就是必須符合機能需求，其中除了行道樹之外，也包含了樹籬、地被植物與景觀草坪。與此同時，街道路沿的空間也愈來愈備受重視，特別是交通圓環。在德國，混合不同草本植物的植栽方式在交通道路的綠化中愈來愈受歡迎，隨著時間的推移，它們也擴大了生存範圍，並且展現出類似於草地的特徵。但是，這真的適合城市嗎？

這35年來，杜塞道夫已經走出了一條與眾不同的道路。其中，儘管吉斯遭遇了來自景觀管理局的極大阻力，她仍在市中心裡停靠品質較低的主要交通幹線中，完成了她的第一個「景觀設計案」。從此，所有的汽車、卡車與電車彷彿穿梭在一座叢林中，一座由棕櫚樹與高達五公尺的竹子所構成的叢林。而冬天時，當其他街道的行道樹都枯萎凋零，這裡的棕櫚樹與竹子的葉子卻能一直保持著美麗的綠色，也使當地居民十分驚訝。在這期間，杜塞道夫也完成了其他的景觀設計案，也使這座城市成為了城市綠化的新興中心。在接下來即將提到的兩個案例都將清楚闡述，綠化品質的好壞不僅取決於植物品種的選擇，透過材料（石英碎片，汽車輪胎）的運用去創造視覺上的對比，也能夠提升整體設計品質。

在與電車平行的交通分隔島上佇立了許多棕櫚樹（ *Trachycarpus fortunei* ），以及外貌被修剪成與之相似的火炬樹（ *Essigbaum* ）。

在恩斯特‧羅伊特廣場中匯集著許多交通繁雜的道路，好不容易剩下了小小的交通分隔島，卻還必須容納路邊停車的車輛。2013年，吉斯在一塊狹長地段上所完成的景觀設計案中運用了各種孟宗竹屬植物（ *Phyllostachys* ），她篩選了最粗的竹子，並且去除高度低於1.7公尺的竹枝。其中還種植了掌葉笹竹（ *Sasa palmata fo. nebulosa* ）、大虎杖（ *Reynoutria sachalinensis* ）、蘆葦（ *Schilf* ）、蕨菜（ *Pteridium aquilinum* ）、波葉大黃（ *Erdbeer-Rhabarber* ）、無毛翠竹（ *Pleioblastus distichus* ），與許多不同的開花植物例如羊角芹（ *Giersch* ）、纈草（ *Baldrian* ）、旋花（ *Zaunwinden* ）、荷包牡丹（ *Tränenden Herzen* ）、伏都百合（ *Dracunculus vulgaris* ）、東方聖誕玫瑰（ *Helleborus orientalis* ）、熊蔥（ *Bärlauch* ）、喜馬拉雅鳳仙花（ *Impatiens glandulifera* ）、秋水仙（ *Herbstzeitlosen* ）與仙客來（ *Alpenveilchen* ）。此外，她在兩側大面積的交通分隔島上選擇種植了業平竹（ *Semiarundinaria fastuosa* ）來替換孟宗竹屬（ *Phyllostachys* ）。

一層一層的輪胎——這個施特雷澤曼廣場（Stresemannplatz）的概念雖然看起來平淡無奇，實際上卻十分巧妙。這裡匯聚了許多的交通軸線，也因此形成了許多的交通分隔島。自2007年開始，這裡捨棄了交通分隔島一般會使用的路緣石，取而代之的是許多廢棄輪胎，這令人第一眼聯想到了卡丁車賽道，同時也吸引了汽車駕駛的注意力（自該路口重新設計以來，交通的事故量普遍減少許多）。這項設計案的正式名稱為「杜塞道夫的12座中美洲式交通分隔島」，其中的植栽主要由幹生的王蘭（Yucca）所構成，在此期間許多王蘭也已生長至1公尺高。對吉斯來說，街道、交通與噪音是她的景觀設計中不可或缺的一部分。

除了圖片前方主要的喙絲蘭（Yucca rostrata），在這個中美洲式的交通分隔島上，還種植了許多王蘭屬植物，例如Yucca faxoniana, Y. recurvifolia, Y. rigida與Y. treculeana。在其之下則生長著柳枝稷（Panicum virgatum），而它整個冬天中都呈現著強烈的米黃色。

花園遊行

地點：柏林，柏林市立畫廊（Berlin, Berlinische Galerie）
設計規劃：巴爾特工作室Atelier Le Balto

當我們看到這項設計案的那一刹那，就好像正面對一個被遺忘已久的建築工地。當年空氣中搖曳的種子已在土地中萌芽，在不知不覺間創造出了一個令人興嘆的新型態樹林，一切就好像大自然將城市的一部分收回了一般，其實，再仔細地觀察就能夠發現這並是真的。除了人們在城市中的閒置地所能發現的植物之外（臭椿、樺樹與刺槐），這裡還種植著遼東楤木（*Aralia elata*）、美國皂莢（*Gleditsia triacanthos*）與拉馬克唐棣（*Amelanchier lamarckii*）。的確，柏林裡存在著許多外來種植物，但是這些植物都還不至於造成問題。此外，某些栽培物種也無法成為「野生植物」，例如黑葉的西洋接骨木（*Sambucus nigra* 'Black Beauty'）。

2013年由巴爾特工作室所創作的作品「花園遊行」，玩轉了典型的城市景色，將其結合並且凸顯它們。其中以拋光的木頭與不鏽鋼取代了建築工地中常出現的木板材。外來的稀有樹種推擠著彼此，直到獲取陽光，而它們都在尋找不同方式來透露自己的身份，不論是透過樹葉、花朵、氣味或是果實。在小小的土地面積上，一個自然奇觀就此誕生，如果我們想要欣賞它的全貌，那還真得必須環繞數次才行。

當然，如果「花園遊行」的基地不是在這個地方，那麼它也無法創造如此驚人的效果。部分被設計在博物館前的「植物工地」，彷彿漂浮在一片黑色的瀝青大海中。而「花園遊行」的其他三個部分則被設計在人行道與建築立面之間，它們陪伴著訪客從一件件的藝術作品一直來到博物館的出入口。

美國皂莢的枝葉穿過了木板之間的空隙，也讓人更能夠細細品味其中的細節。

在柏林，木板材在建築工地中幾乎無所不在，它們通常是被用來確保垂直管道的安全；但是這個「建築工地」之中卻充滿了許多樹木，而且並不只是日常常見的物種。除了雜草植物之外，這裡還種植了觀賞性植物與「稀有的」外來物種，例如拉馬克唐棣、美國肥皂莢與遼東楤木。

無法想像的高度

地點：紐約，雀耳喜區（New York, Chelsea）
設計規劃：詹姆斯·科納（James Corner），
迪勒&斯科菲迪奧事務所（Diller & Scofido）
植栽設計：皮耶特·奧多夫（Piet oudolf）

紐約高線公園（High-Line Park）在開幕後短短幾年內就成為了紐約最熱門的旅游景點之一，並且也同樣受到當地人喜愛，而與街道噪音的分離也實現了特殊形式的城市遊覽。其長向延伸的公園也成為了兩側壯觀建築的伸展台、熱門的藝廊以及城市歷史的一部分。一個原本即將被拆除的貨運鐵路、一位沉睡三十年的睡美人，將其改建所必須的花費與心力卻時常被遺忘。靈活豐富的綠化手法不只是適合這一個

階段的答案，更反映了這個時代的精神。過去以自然主義、多年生草本植物所聞名的的奧多夫，設計了一多層綠化平面的模組，其中包括了一個被運用在許多區域、特別的樹林層平面。此外，自2009年開幕以來，高線公園也對於植物世界的進步有了不少的貢獻，雖然如今高線公園比最初更加「樹林化」，但依然能夠保持一貫的品質。在某些區域中則需要高度的植栽密度，才能夠發揮預期的效果，例如「雀耳喜叢林（Chelsea－Dickicht）」。特別引人注目的是所謂的「天橋」，它們看起來就像一座高架橋橫跨在另一座高架橋之上，而位於街道25至27號之間，一座木板小橋跨越了與其相距大約只有兩公尺的舊鐵路。此外，在這裡栽種的木蘭，以巨大的樹葉、芬香的花朵與特別的果實抓住了人們的目光，也將他們的注意力從這個地點上過去的工業建築中特別沈悶的牆壁轉移開來。而隨著黃昏的開始一直到夜幕降臨，絕佳的燈光照明則為高線公園中「陰暗的」區段增添了不少魅力。

這座「天橋」從頭端到尾端都有植栽，並且被這些植栽緊密的圍繞。

訪客能夠在其中看見帶有原始氛圍的大葉木蘭（*Magnolia macrophylla*），其葉子能夠達到1公尺長。低矮小巧的北美木蘭（*Magnolia virginiana*）則被運用在這個區域中的各個角落，而它在春天裡則花香驚人。

位於紐約設計酒店（The Standard）的下方通道，高線公園南邊的起始點，從這裡進入的訪客將被充滿黃櫨的熱帶草原熱烈歡迎。其中黃櫨品種之一的「Grace」的葉子顏色會隨著一年四季不斷變化。

在街道14號至16號之間，來自北美洲的光滑漆樹（Rhus glabra）在空中的日光甲板上展現了它的華麗姿態，彷彿是海灘的棕櫚樹，為躺椅撐起了一把遮陽傘。

本案在長椅之下設置了LED燈具與向上投射的聚光燈，使「天橋」上的木蘭沉浸在充滿情調的燈光之中。

高線公園在17號街段的高度橫跨了第十大道（Tenth Avenue），然而人們能夠在許多公園中的至高點上，看見現代建築如此扣人心弦的景色與面向街道峽谷的遼闊視角。此外，這裡的植栽高度較矮，其實就是為了不妨礙四周的景色。而八月時，開著黃色花朵的香金光菊（*Rudbeckia subtomentosa*）則創造了色彩斑斕的亮麗風景。

「雀耳喜叢林」由多樣的樹種與耐陰草本植物所組成。即使身在樹冠之中的頂層封閉區域，人們也不會感到壓迫，原因就在於明亮的走道鋪面、白色的樺樹枝幹以及完美的立體燈光照明。

145

迷你的公園，巨大的效果

地點：哥特堡（Göteborg）

設計規劃：莫娜・霍爾姆伯格&烏爾夫・史特林堡

（Mona Holmberg & Ulf Strindberg）

究竟一塊綠地面積要有多大才能夠被稱為一座公園？而如果它還不足以被稱為一座公園，那它又是什麼樣形式的綠地呢？這些問題很難回答……然而，霍爾姆伯格與史特林堡則將他們遍布哥特堡市中的許多設計命名為迷你公園。他們創造了城市空間庇護所，其特點之一是兩種植栽形式，而這兩種形式也被運用在每個公園裡：一種是由多年生草本植物種類所組成的茂密植栽，這些植物根據不同的顏色主題被組合在一起，並且會在一年四季裡相繼開花；而另一種是由許多來自不同背景的植物所組成的「林地」，其呈現出來的景色也常常具有異國風情。而「聖誕樹形的」針葉樹與杜鵑花雖然並不是特別受景觀建築師喜愛，但是在他們的植栽中卻也會出現。此外，在樹林之中生長著許多春季開花的草本植物，而這兩種不同的區域都分別種植了許多球根花卉。這些茂密的植栽中彷彿形成了一座座的小島，而這些小島中設置了許多長椅或其他街道傢俱，也邀請了人們在其中稍作停留。在高大的草本植物與眾多樹枝的環繞下，人們就如同在家裡一般感到格外地安全。而當某些樹木與灌木距離建築物不到1公尺，卻又持續生長的時候會發生什麼事呢？當然，它們會被修剪，而如果日照量允許的話也會以新的植株取代它們。由於其中大部分的草本植物都具有很強的競爭力，即使在花季之外的時間也十分美麗，也因此佔據了一定的維護工作量。

在相鄰住宅的地方，針葉樹種例如朝鮮冷杉（*Abies koreana*），和杜鵑花一同為強壯的草本植物群打下了基礎。

彷彿遺落在住宅群之間，一塊不到80平方公尺大的的三角形區域，轉眼間變成了一座變化多端的迷你公園。其中運用了南青岡（*Nothofagus antarctica*）、賓州槭（*Acer pennsylvanicum*）與珙桐（*Davidia involucrata*）等樹種。

臨時花園

　　所謂臨時，也就是時間上的限制，其實在每座花園中都存在著這樣的概念，只不過是以植物的形式出現。然而，如今「臨時花園(temporäre　Gärten)」這個概念主要被理解為兩種不同的手法。

　　1990年代中期，在經歷重大經濟與人口變化的城市地區中，出現了閒置的土地區域，也因此景觀建築師與藝術家們便著手進行這些區域的改造。在普遍有限的預算下，他們吸引了人們對這些地方的關注，他們將現實的或抽象的想法投射在空間中，又或者是將一種生活態度形象化——不論是透過很多或很少，甚至是完全不使用植物(「暫時性花園」〔transitorischer Garten〕)。

　　然而，「臨時花園」也可以被解讀為是一個以活動為導向的綠化植栽，藉以創造實體花園的幻覺或是大自然的幻覺。費了好大一番功夫，將這些「綠色道具」運到指定的地點並安排佈置，以營造企圖打造的氛圍。(速食園藝〔Instant Gardening〕)

　　不論何種方式，臨時花園仍然很少得到主流景觀建築師的認可。但是這些花園仍然讓我們有機會去做實驗性的設計，並且不斷與時俱進。然而，它們還有不少其他的優點：新的事物總是比舊的更能夠吸引人的注意，這一點也不僅僅存在於花園之中。而在它們「結束」之後，當然也不會產生後續的維護費用，就這一點來看，它們也是一種永續的植栽形式。

特殊環境、外來植物、各種活動或是能夠負擔植栽預算與維護成本的餐廳——這些事物混合之後便創造出了臨時花園。例如圖片中位於斯圖加特（Stuttgart）的天空沙灘酒吧，而這也是現在我們比較熟知的一種表現形式。

營造沙灘酒吧可不只是單靠一棵棕櫚樹

地點：斯圖加特（天空沙灘，國王街〔Sky Beach, Königstraße〕）；柏林（美他沙灣海灘，榮軍公墓街&米特區蒙比約公園沙灘酒吧〔Metaxa Bay Beach, Invalidenstraße & Strandbar Mitte am Mombijoupark〕）

一間美好的沙灘酒吧究竟需要什麼元素？一些沙子，三、四棵棕櫚樹，幾張躺椅。當然，愜意的音樂絕不能少，也一定要提供合適的飲料。如果不希望一個愜意的夜晚隨著黃昏結束，富有情調的燈光照明自然不可少。當然，不動產經濟學的三大定律也適用：位置、位置，還是位置。一方面沙灘酒吧的地理位置當然要在「市中心」；另一方面不論以何種方式，客人的位置也應該居高臨下（最理想的位置就是在屋頂）

，又或是能夠感受到大海的親近（無論是湖泊、河流又或是大型的游泳池）。來自街道的喧囂或是任何噪音自然是一間沙灘酒吧在成功之路上的死對頭。也因為影響的因素百百種，植物本身看起來似乎只是其中的一小部分。去園藝市集買幾棵便宜的棕櫚樹，接著隨意地佈置，這可能是人們普遍對於沙灘酒吧的想法。但是在這裡，如果能夠打造真實感和發揮創意也是有好的回報的。以下介紹三個看似簡略的觀點：1.在數量上絕不能省。2.更為重要的是，植物絕不能小（畢竟我們不是在園藝市集）3.絕不能忽視（可控制的）維護作業。

這些植物就如同大型的貨櫃貨物一般，只不過這些貨物不僅要運過來，秋季時還要再將它們運走，當然還需要好好地為它們打扮佈置一番。根據環境特徵與條件（在屋頂上主要是風），這裡主要運用的植物種類為棕櫚樹與海棗，但是也可以藉由比較小的伴生種將畫面變得更豐富。

多虧了合適的植物（棕櫚樹，*Trachycarpus fortunei*）與燈光照明創造出了熱帶風情。

在斯圖加特的天空沙灘中，不僅僅是植物數量與大小，環境中的其他元素也運用地恰到好處。

上圖：位於柏林中央火車站的美他沙灣沙灘，運用了海棗（*Phoenix dactylifera*）來創造仿沙灘的環境，而為了防止在冬天中結霜，其所需的日照比棕櫚樹來的多，因為棕櫚樹做為盆栽植物，在冬季裡幾乎無需日照也能夠生存。

左圖：柏林米特區的沙灘酒吧中並不存在真正的沙子，但是透過巨大的加拿利海棗（*Phoenix canariensis*）與博物館島的景色也為這裡加了不少分。

右圖：從2002年開始，巴黎也有了它的「煩惱」。在車流量較少的暑假期間，巴黎會封閉塞納河畔旁的一條街，並且將這裡轉變為為期四周的沙灘。除了真正高大的棕櫚樹之外，這裡也設置了「金屬棕櫚樹」，並且透過灑水噴霧為遊客降溫。對應了棕櫚樹的外貌，其下方的植栽區域中種植了不耐寒的輪傘莎草（*Cyperus involucratus*，在商業中被稱之為0C. alternifolius）。

以植物租賃代替購買

當人們想建立一座臨時花園可以選擇購買植物，然而，租賃植物也是另外一種可能性。來自「租一棵樹(Rent-a-Tree)」的卡佳·波曼(Katja Pohlmann)解釋，究竟這項服務該如何運作。

您認為租賃植物最大的優勢是什麼？

我們的客戶可以在他們需要「綠意」的時間裡得到他們所想要的植物。此外，這些植物正處於最好的狀態，客戶既不需關心植物的運送，也不需關心植物後續的處理，他甚至可以交給專家去做選擇。而客戶唯一需要關心的，就是找到一個合適的環境與澆水。

基本上有哪些植物可供租賃呢？

這取決於供應商的情況。作為歐洲最大的苗圃之一的洛爾貝各(Lorberg)其中的一個部門，我們「租一棵樹」可以提供非常多的種類。但是在交給客戶之前，組織這些植物所需的前置作業時間也是十分重要的。基本上只有幾種植物我們沒辦法提供，所有能通過貨櫃販售的植物都能夠租賃。

你們是否有一個標準化的植物種類可以在短時間內提供給客戶呢？

我們可以隨時提供客戶大約50種的植物，只要這些植物尚未出租出去。除了許多木本植物，我們也有提供竹類、棕櫚對、蕨類植物和一些草類植物。

客戶的租賃需求是否每年都會有所變化呢？

部分是如此。一直以來都會有客戶只對「小樹種」、「地中海植物」或是「棕櫚樹」有興趣，我們也有一些強壯的物種和標準尺寸可以滿足他們的願望。當然也有要求比較高、要求特別多樣的客戶，他們對特定一種植物較不感興趣，而是希望打造一些特定的場景。以2016年來看的話，異國風與熱帶的物種非常受歡迎。

你們對於植物的大小會有所限制嗎？

在我們提供的標準植物種類中，高度一直到7公尺都有，但

這項租賃服務具體上該如何運作呢？

首先我們會核對客戶需求與我們的存貨量使否相符。我們也很樂於提供一些建議，因為並不是所有客戶都具有足夠的植物知識，或是有時間自己去拼湊一個和諧的空間畫面。接著我們就會討論運送和取貨的部分。只要我們的技術和道路狀況允許，我們一般都會直接將植物運送到指定的地點。

一般最短或是最長的租用時間為多久呢？

我們的租用時間最短為一天起跳，而時間長度並沒有限制，只是如果有人需要一株植物是會跨過許多生長期的話，還是考慮購買會比較好。我們大部分的客戶除了個人用途與餐飲業之外，主要是電影場景和展場佈置商，而他們大部分只租用短短幾天。

那關於費用的問題肯定也很常被客戶被提及……

是的，但是我們也很難提供一個統一的回答。除了數量與具體的植物大小之外，尤其是租賃時間和運送距離也會對價格有所影響。

當客戶接手植物之後應該要注意些什麼呢？

基本上客戶在租賃期間要負責照顧這些植物，不過這通常僅限於澆水。當然，對於盆栽植物來說，這一點需要做得比生長在土壤中的植物來得更頻繁。此外，為了防風，客戶也必須確保盆栽是固定的，或者是在一個能夠避風的環境中照顧它們。而在租賃之前，我們會在苗圃中負責植物施肥與修剪的工作。

客戶也能夠選擇植物盆栽嗎？？

大部分的植物我們都是使用堅固的塑膠盆栽，而這些容器也在日常中證實了它們能夠幫助植物生長良好，而且尺寸合適也方便運輸。對於我們大部分的客戶來說，塑膠材質並不是個問題，因為他們仍然會加以裝飾或是用其他方式去隱藏盆栽。少數貴重的植物，例如日式庭木(Niwaki，「大盆景〔Großbonsais〕」)，我們會保存在高級的容器裡。如果客戶無論如何都有想要的特定容器，我們當然也會協助他們。

「不存在，不存在」，這是波曼的座右銘。不管客戶是需要來一點「熱帶的」植物，又或是想用一棵高加索冷杉去創造一幅山景，這裡的園藝工程師都能完美地將合適的植物組合在一起。

155

老城狹窄巷弄裡的大草叢

地點：貝加莫，老城區（Bergamo, Altstadt）

設計規劃：安迪‧斯圖真（Andy Sturgeon，2015年負責維奇亞老廣場〔Piazza Vecchia〕的設計，每年會變換主題與設計師）

貝加莫，座落在阿爾卑斯南邊的山腳下，風景如畫，擁有旅遊寶石的美譽。其中被列為古蹟保存遺址的老城區座落在宏偉的山崗下，並且環繞著古老的文化景觀，也因此自2006年以來成為了聯合國教科文組織（UNESCO）世界文化遺產的候選名單之一。如同其他義大利北部與中部許多典型未被破壞的城市，貝加莫也在城牆內相對地擁有較少植栽。但這個情況每年都會不停地發生劇烈的變化。自2010年以來，貝加莫每年九月都會舉辦一場園藝與景觀建築界的國際藝術節「Arketipos Festival」。除了為專業人士舉辦的會議與為學生所舉辦的國際工作坊之外，這項計畫還提供了許多大眾也可以參與的展覽活動。在為期三個星期的活動裡，數不清的巷弄裡充滿了巨大的盆栽，並且種植了許多植物。其中最為代表性的是可容納400公升草類的植物盆栽，而它也是當地苗圃瓦爾弗雷達（Vivaio Valfredda）的特產之一。在活動期間，位於老城區中心的維奇亞老廣場化身為一座「綠色廣場」。此外，每年都會有不同的設計師被邀請來設計這座臨時廣場，而廣場兩側則座落著這座城市中最重要的建築（市政廳、城市塔樓），著名的建築師柯比意也曾稱其為「歐洲最美的廣場之一」。而為了保護具有歷史價值的廣場舖面，其中採用了人工草皮作為上層盆栽植物的緩衝基礎，每年的設計也會呼應藝術節不同的植栽主題。

自活動一開始，被裝載在大型容器中的栽培草類植物就成為了焦點之一。而除了在九月盛開花朵的眾多芒草（*Miscanthus sinensis*）品種之外，血紅色葉子的白茅栽培種「紅色男爵」（*Imperata cylindrica 'Red Baron'*）也十分令人嘆為觀止。

上城區（老城區）的維奇亞老廣場是一年一度舉辦的藝術節中心。2015年，斯圖真詮釋了一個經典的倫巴底式文化景觀。

2015年的藝術節主題是可食用植物。為期三週，維奇亞老廣場變成了一座茂密的稻田與水果花園。從此次成功的規劃中也可以看出，幾乎沒有植物不能運用於臨時地景。

並不是每個廣場都會完全使用真正的植物。在這裡，被局部設置在邊緣的草類植物與玩耍中的孩童們創造出了生動活潑的空間。

由被漆成黑色的木頭所製成的架高花圃，其中種植了許多茂密的草本植物與木本植物，這些被精心安排的植栽絕對值得人們盡情地欣賞。

這座廣場在當時被稱之為「綠色廣場（Piazza Verde）」，而它對於遊客與當地居民來說都同樣地吸引人。而除了植物之外，實體的道具例如圖中的圓草堆，也是設計師的拿手好戲之一，甚至連歷史悠久的水池也成為了這片臨時植栽的一分子。

路易吉‧安吉里尼小廣場（Piazzetta Luigi Angelini）化身成為了一場草類植物博覽會。在夜晚時分，燈光照明會使這裡的草類植物樣貌更加奇特，也使人們更加印象深刻。除了許多芒屬植物（Miscanthus）之外，柳枝稷（Panicum virgatum）、銀蘆（Cortaderia selloana）與知風草（Hakonechloa macra）也以不同的面貌出現。

花園中的花園

地點：倫敦，肯辛頓花園，2011年蛇形藝廊
（London, Kensington Gardens, Serpentine Gallery）
設計規劃：彼得・卒姆托（Peter Zumthor）
植栽設計：皮耶特・奧多夫（Piet oudolf）

在一個現有的公園或是大型花園中規劃一個暫時性的小花園，去提升原本的公園品質，這樣的概念其實並不算新。但是只有少數公園可以像蛇形藝廊一樣，實現如此對比鮮明與高品質的概念。自千禧年之後，蛇形藝廊的花園每年都會邀請傑出的藝術家來設計一座新的藝廊，並且只開放三個月左右。2011年，這項光榮的任務則交給了建築師卒姆托，並且找來了著名的園藝設計師奧多夫作為他的合作夥伴，幫助他實現他的設計。卒姆托的概念是創造一個令人沉思的封閉式花園（Hortus conclusus），並且使人們憶起歐洲園藝文化的起源；這是一個空間，在這裡人們可以不用面對大自然的嚴酷，並且可以培育許多有用的植物。而卒姆托實現他概念的

方式便是針對這一主題，以現代設計的手法去轉化，無論是在建築上或是植栽上。這棟35×12公尺的黑色建築一共有6個入口，人們經由入口進入一條迴廊般的通道，接著再通過四個小門進入庭院。植栽的面積本身約4×27公尺大，而為了創造草地形式的植被特色，奧多夫運用了髮草（*Deschampsia cespitosa* 'Goldschleier'）與天藍麥氏草（*Molinia caerulea* 'Moorhexe'）作為了所謂的基質模矩，而在這其中他安排了各種開花草本植物的組合或是獨立植株。由於準備的時間很短，植栽種植的時間約在開幕前兩個禮拜左右，也為了從一開幕就提供一個茂密的、品質一致的植栽景色，因此他主要運用了在大型容器裡栽培的草本植物。

從外觀無法看出卒姆托的藝廊內部有多麼精彩。

2011年秋天，奧多夫的植栽讓人聯想到高大的草本植物群。除了作為基質模矩的草類植物外，麥氏草（*Molinia arundinacea* 'Transparent'）也在同個時間點隱隱約約地顯現。

紅色的大紅香蜂草（*Monarda* 'Jacob Cline'）與藍色的鳥頭屬（*Aconitum wilsonii* 'Barkers'）則為空間妝點了些許顏色，而紅葉的單穗升麻（*Cimicifuga simplex* 'James Compton'）則貢獻了白色。本案總共大約有25種植物被投入使用。

都市園藝的下一步？

地點：柏林和其他所有地方

　　寫一本關於城市綠化新方法的書，卻不從都市與游擊式園藝的角度切入，似乎顯得有點奇怪。但是如果我們輕視了近幾年來，不論是透過個人或是團體在城市中所種植、播種和養護的許多綠色植物，其實是錯誤的。其實所有方法的共同論調都是「植物是有益的，無論是對於人類、動物或是城市」，只不過每種方法的目標都大不相同，理論上每種方法都應該要致力以書本的方式闡述。此外，否定以糧食生產為導向的都市園藝中所具有的美學價值，這種想法其實是錯誤的（對游擊式園藝來說也是一樣）。即便栽培植物與那些被運用在其他用途或是設計中的植物一樣，擁有類似的水分、養分與日照的生長需求，但是它們仍然對都市中的園藝工作者來說很難規劃。他們遵循著其他的「原則」，建立在自願性的基礎上，並且不希望被同化。筆者認為，將都市園藝融入更高層次的設計理念，又或是讓民眾參與其中，這些嘗試至今都很少成功。但是，當城市綠化存在著許多不同的方法時，仍然是很棒的──每種方法都有它自己的道理與道路。

柏林兩項著名的都市園藝設計案：
左圖為公主花園（Prinzessinnengarten），而右圖為肉垂鶴酒吧（Klunkerkranich）

逆光下，紅巴葉背的秋海棠（*Begonia grandis*）的面貌顯得特別壯觀。圖片攝於法蘭克福棕櫚園（Palmengarten Frankfurt）。

常綠城市 — 植物索引

Albizia julibrissin
合歡（Seidenakazie）

在中歐，很少有其他樹種如合歡一樣擁有如此熱帶風情的樣貌，具有這種傘狀的樹冠，精緻的羽狀複葉與如一綑筆刷般的花朵。合歡在伊朗的裏海地區、喜馬拉雅山，一直到中國地區都有分布，而由於它的小葉於夜晚時會閉合的特性，因此它在這些地區中也被稱為夜合樹。這種嗜熱的植物完全只能夠忍受第八抗寒分區以上的溫度。在受保護的環境中，某些耐寒的合歡品種也可以在第七抗寒分區的環境下生長成為8公尺高的開花樹，例如「Ernest Wilson」。此外，它也可以作為自然的矮林作業（Coppicing）的運用物種之一（詳見第50頁），因為這種發育良好的植物，在地表結霜溶解之後能夠從基部很好地再生。其紅葉的栽培種「Summer Chocolate」（本圖片）十分有魅力，但很可惜並不屬於強壯的品種。

Asimina trilobal
泡泡樹（Dreilappiger Papau）

這種有名的植物在德語區國家又被稱為印度香蕉。這個名字的由來，一方面是因為它那可以食用、但又難以保存的果實風味，其栽培品種的果實重量甚至可以達到250公克；另一方面則是因為它的產地。這種平均高度3～5公尺，在自然環境中能生長至10公尺的木本植物經常形成一座小叢林，而它源自於北美洲的東部，通常出現於淡水沼澤森林的下層植被中。在北美洲，泡泡樹經常出現於森林中的二次演替階段，並且能夠在這裡長時間稱霸，因為此階段重新補充了具有豐富養分的土壤。特別具有裝飾性質的是它亮綠色、明顯下垂的葉子，其大小甚至可以達25公分。此外，泡泡樹特別能夠耐寒，但是在幼齡階段它仍然需要一個受保護的半遮蔭環境，以及不能太乾燥、具有豐富腐殖質的土壤。無論如何，一個日照充足的環境才能夠幫助最佳的果實收穫。

Asplenium scolopendrium
對開蕨（Hirschzungenfarn）

對開蕨以其葉革質的單葉葉片成為了最簡單有力的蕨類之一。這個物種比較少在北美洲與亞洲北部出現，主要分布在歐洲的闊葉林，而它生長的環境多在具有石灰質的腐殖土壤、多石的面北山坡地。在居住區域裡，老舊濕潤的牆壁（水井，或是小溪旁）的縫隙中形成了一個替代棲息地，在這裡可以時常發現對開蕨的蹤跡。相對於其他蕨類植物來說，這種在夏季落葉的植物的優勢之一就是它那顏色較淺的葉子，無論是在陰影之中，又或是對比其他葉子顏色較暗的植物，效果都特別好。其中除了具有平滑或是比較凹凸不平的葉緣的品種外，也存在著一系列的栽培種，其中某些具有葉緣強烈蜷曲的、雙色的、葉尖分岔的或是細長的葉子(不是所有品種都會在蕨葉的背面上生成孢子)。酸鹼度別太低、濕度充足的腐殖土壤，最適合在冬季展現全盛姿態的對開蕨，並且使它成長茁壯。

Begonia grandis
秋海棠（Winterharte Begonie, Japan-Schiefblatt）

秋海棠屬植物在室內盆栽與夏日花圃中都是十分常見的植物，在這裡它也被視為頑強的開花植物之一。但是很少人知道，它們其實也是耐寒的多年生草本植物。至少秋海棠(*Begonia grandis, Syn. B. evansiana, B. sinensis*)以及其亞種是如此，而它源自於東亞各地的林緣、坡地與小溪。由於它發芽的時間較晚(通常在五月下旬)，也因此它在六月中一直到嚴寒來臨前所展現出的效果特別好。除了它在九月與十月開出的白色與粉紅色花朵之外，其具有裝飾性的葉子樣貌隨著品種不同也替環境增色了不少，有些品種則具有亮紅色的葉背，或是具有顏色的葉脈與葉柄。這種50～100公分高的植物，偏好不會太過乾燥的腐殖土壤與半遮蔭的環境，且透過其葉腋形成的珠芽可以輕易地進行繁殖，而其厚實的葉片作為防寒措施也十分足夠。

Bergenia crassifolia
青海白菜（Dickblatt-Bergenie）

壽命長、環境需求低、強壯的岩白菜屬植物在園藝文化中早已屢見不鮮。而青海白菜（Bergenia crassifolia，Syn. B. cordifolia）在亞洲中部的山脈一直到黑龍江中的森林與樹叢都有分布。多虧了它在地面上的植株本體不大，使它可以從岩縫中與石頭邊緣中生長而出，並在石頭上建立床墊似的群落。長久以來在園藝文化中，常綠又長壽的岩白菜屬植物只被視作為裝飾性植物，或是在較差的環境中的地被植物。但是在過去的幾十年，透過許多種類的栽培明顯增加了它的運用範圍，包括了花量豐富的（例如'Brahms'，'Eroica'，'Pink Dragon Fly'），冷色系的（'Eroica'，'Winterzauber'）與小葉的（'David'）種類。除了葉緣平滑或是勺狀的品種之外，也存在具有明顯皺葉的品種如（Borodin）。而大葉的品種Eden's Magic Giant特別適合添加在充滿熱帶風情的植栽中，它的葉身甚至可以達到30公分長。

Blechnum chilense
智利烏毛蕨（Rippenfarn）

夏季落葉或是全年常綠的烏毛蕨屬植物大約有兩百種，其中多數分布在（副）熱帶區域。在歐洲，除了本土少數耐寒的矮小品種之外，想要在中歐受保護的環境中種植帶有史前氣息的大型烏毛蕨，來自南美洲的智利烏毛蕨就成為一個了很好的選項。在氣溫很少降至零度以下、回溫迅速的庭院中，這個品種能夠發展成高度1.5公尺以上的大型蕨類，因為它對於日照的要求比較低，也喜歡新鮮、濕潤的土壤。但是在氣候條件較差的環境中，智利烏毛蕨就很難達到這樣的大小。然而，其落下的常綠葉透過它發育良好的厚實葉子與纖維，可以很好地成為土壤中新生嫩芽所需要的養分。隨著時間推移也就此形成了一個茂密的群落，同時散發著迷人的吸引力。

Catalpa bignonioides
南梓木（Gewöhnlicher Trompetenbaum）

在歐洲，源自北美的南梓木一直以來都是受人喜愛的公園與花園樹木。其大片、裝飾性的葉子、夏季綻放的花朵與豆莢狀的果實是它外貌上的特徵。老年階段時，它那短小的枝幹卻容易使它傾倒。當其位於地上的枝形成根之後，就能夠發展成永久性的次生樹。其中除了具有淺綠色葉子的品種之外，許多苗圃也有供應一些黃葉的品種（圖片中的'Aurea'），與紅葉的品種（*C.×erubescens* 'Purpurea'），不論是黃葉或是紅葉品種的葉子都會在幾週之後慢慢變綠。在不修剪的狀況下，南梓木甚至可以在老年階段生長至15公尺。然而在英國，人們很早就認知到，定期修剪可以很好地刺激南梓木，並且使它生長出強壯的嫩枝與巨大的葉子。因此，作為矮林作業與樹瘤式修剪（Pollarding，詳見50頁的圖片）的運用植物，南梓木是非常好的選擇。

Cercis siliquastrum
西洋紫荊（Gewöhnlicher Judasbaum）

紫荊自然分布在地中海沿岸一帶，一直到西亞地區。它在疏林之中可生長達4～10公尺高，且常伴有多枝幹樹木或是灌木。典型源自歐洲的樹種，花通常都是開在新枝上或在枝枒尖端，然而紫荊的花卻是在葉子發芽的同時或在發芽前開在主幹上（幹生花）。其冬季落葉、有如腎臟的圓形葉子表面有一層蠟質塗層，用以減少水分蒸散，也使整株植物呈現灰綠色的外貌。然而，大眾卻普遍有個偏見，認為這種植物並不是特別耐寒。在夏季溫暖的環境，排水良好的石灰質土壤中，西洋紫荊普遍能夠發育良好，但大眾不知道的是，其實它在零下26 °C的環境中也能屹立不搖。

Choisya x dewitteana
金指墨西哥橘（Orangenblume）

墨西哥橘中所蘊涵的品質很晚才在中歐被發現。但至少其中葉子漂亮的、花量豐富的品種 Aztec Pearl 與 White Dazzler（'Londaz'）已經被更廣泛的運用。它們是經由Choisya arizonica 與 C. ternata 交配所產生的雜交種，而後者最廣為人知的名字就是墨西哥橘，它也只具有一定程度的耐寒能力。Aztec Pearl 與株型更為緊湊的 White Dazzler 可以毫無疑問地忍耐零下15℃的環境，如果是在極端的冬天，結冰的情形最多也只會發生在枝枒尖端。在四月與五月時，這棵常綠的植物以其香豔的氣味與南方的氣息將路人迷得神昏顛倒，而通常當它在晚夏或秋天開第二次花時，同樣的氣味又會再一次出現。照料生長中的 Aztec Pearl 時，在其開花之後對其進行適當的修剪，可以特別有效地防止斷枝的情形發生（尤其是因為積雪的重量）。由於雜交種的墨西哥橘對環境與土壤的要求並不高，因此 White Dazzler 甚至可以做為盆栽植物養上好幾年。

Cortaderia selloana
銀蘆（Pampasgras）

銀蘆通常分布在濕潤與乾燥的草地景觀之間的過渡地帶，和南美洲南方的河流沙礫沿岸中。而當它在花園裡生長達一定歲數時，就可以創造出氣勢磅礡的設計效果，就好似它默默地主宰了一切。這種效果其實很早就為人所知，這也是為什麼這個物種屬於歐洲園藝文化中最早使用的草類植物之一。但很可惜的是，這樣一個擁有茂密植物的景象卻很少轉化到設計之中。一直到1980年代，人們反而喜歡獨立種植植物，也因此銀蘆在花園之中大部分都顯得格格不入，最後也導致它幾乎完全消失在花園裡。在現代的幾種銀蘆的組合搭配之中，透過1.5～4公尺高的品種我們可以看見自然植被的饒富與有趣之處，再輔以許多相配的獨特植物例如墨西哥羽毛草（Nassella）與黃櫨（Cotinus），終於讓草地煥發出新的光彩。

Cotinus coggygria
黃櫨（Europäischer Perückenstrauch）

由於它那獨特的、髮絲狀與絨毛狀的花序與果序，黃櫨在園藝文化中，一直以來都是廣為人知的植物。除了高度約4～5公尺、從南蒂羅爾（Südtirol）一直到中亞地區都有自然分布的黃櫨品種之外，被廣泛應用在許多花園中、與自然品種差不多大小的紅葉品種「美國紅櫨」（"Royal　Purple"）也十分常見。這種木本植物的果實通常會在樹上留到第二年的春天，而它的葉子則通常在深秋時才會落下，此時色彩十分絢麗。而近來新出現的栽培種 Young Lady 與 Smokey Joe（'Lisjo'）高度約1.5～2公尺，不僅株型明顯緊湊，且在幼齡階段就會開花。由於它們也會在一年生嫩枝上開花，也因此開闢了新的應用可能性，例如在矮林作業中。此外也有相當新的品種，例如黃葉的金葉黃櫨 Golden Spirit（'Ancot'），與生長十分快速、特別美麗的紅葉品種"Grace"（一雜交種，來自黃櫨Cotinus coggygria與源自美國東南方的C. obovatus）。

Crocosmia
射干菖蒲屬（雄黃蘭屬，Montbretie）

屬於鳶尾科家族的射干菖蒲源自於非洲南部，但作為園藝文化的難民，它們已經在一些大西洋沿岸地區的野外扎根。它透過地下球莖形成更大的群落，以此覆蓋更大的土地面積。在中歐地區，射干菖蒲長久以來只被當作夏季開花的球根花卉，必須在秋季摘除，然後在春季重新種植。1969年，藉由 Crocosmia masoniorum 與 C. paniculata 雜交培育的品種"Lucifer"，已經在中歐的許多花園中被證實它具有足夠耐寒的能力，它可以生長至1.5公尺高，並且在七月與八月中綻放出亮麗的紅色花朵。在具有冬季乾燥的沙質土壤的受保護環境中，許多深根的品種在冬季的大部分時間裡都能夠存活，例如源於 C. pottsii 與 C. aurea、在商業中被命名為 C. × crocosmiiflora的雜交種。它們透過黃橘色、橘色和紅色的花朵，時常為熱帶風情的植栽添加了關鍵性的要素。

Cylindropuntia imbricate
圓柱掌（Baumkaktus, Feigenkaktus）

圓柱掌在德文中又被稱為仙人掌樹或是灌木仙人掌，它不僅是最耐寒的植物之一，以它達三公尺的高度來說也是最大的多肉植物之一。類似於龍舌蘭、王蘭與仙人掌，植物學家也將圓柱掌列為不耐濕氣的植物之一。因此，透水的土壤和充足的日照環境是在中歐地區成功種植它們的先決條件。這種植物分布在堪薩斯州（Kansas）、科羅拉多州（Colorado）一直到墨西哥南部，具有長形、圓柱狀的莖，從而形成一種灌木的外部特徵。夏天時，這種多年生植物會開出粉紫色的花，接著結出可食用的果實，此外有些栽培種也會開出黃色或是白色的花。不管是在種植或是收穫的過程中，都需要非常小心它的利刺與倒生短刺毛（倒鉤狀的剛毛），並利用皮革手套與鉗子。此外，當我們在花圃中移動它的時候也應切忌直接接觸。

Dasylirion
蝟絲蘭屬（Rauschopf）

人們第一眼可能會將蝟絲蘭誤以為是王蘭（*Yucca*）。然而這兩種植物的地理分布都很廣：墨西哥、亞利桑那州（Arizona）、新墨西哥州（New Mexico）與德克薩斯州（Texas）的大陸山區都有它們的足跡。但再看仔細一點其實就能發現它們的差異十分明顯：蝟絲蘭擁有鋸齒狀的葉緣（除了D. longissimum）、毛筆般的葉尖，（幾乎）沒有主幹，以及在一般緩慢生長的植物身上很少觀察到的、如蠟燭般的花序。據推測，我們之所以會在歐洲的園藝文化中很少看見蝟絲蘭，是因為它對於（冬季）濕氣很敏感。只有藍綠葉的*D. wheeleri*（圖片中）被證實能夠在零下18°C如此嚴寒的環境中具有一定的耐受性。再更低的溫度恐怕只有光滑葉蝟絲蘭（*D. leiophyllum*）能夠承受，其葉子為亮綠色，而在冬季中，它通常仰賴防雨措施或是具有防護性的屋簷出挑。與王蘭相同，這裡建議採用透水的礦物基質種植蝟絲蘭。

Eriobotrya japonica
枇杷（Japanische Wollmispel）

光看枇杷的植物學名與它的德文名字，我們也許會推斷它來自於日本，然而，這種可以生長至5公尺高的常綠喬木的故鄉，其實是在中國中部地區。在南歐地區這種植物通常是作為水果作物（"Nespoli"）來培育。秋天時，其毛茸茸的圓錐花序上會開出具有香草香味的花朵，數量多達100朵；而其甜美的橘色果實則會於來年的春天成熟。其葉片上表面具有獨特魚骨狀的紋理，下表面則具有絨毛。而枇杷對於地理環境條件的要求較不嚴苛，但是在未受保護的情況下，它只有在第八抗寒分區或是更高的分區中才有辦法撐過冬天。因此，在更冷的區域中相應的預防措施自然格外重要（厚實的土壤覆蓋層，纖維網）。然而某些樹齡較大的、發育良好的植株，不需要特別的預防措施，也可以在第七抗寒分區中存活。一個常蔭的環境可以避免冬季發生凍旱的風險，例如種植在牆壁的北面。

Euphorbia
大戟屬（Wolfsmilch）

大戟屬植物不只是種類繁多，連型態也很多變。其中有些物種可以適應沼澤地的環境，而有些也會出現在極度乾燥的環境中。其中大部分（非全部）種類的共通點就是它們都具有典型的黃綠色花朵與苞片，且長時間可見。對於創造帶有熱帶氛圍的植栽來說，具有亮麗的裝飾性葉脈中肋的角形大戟（*E. cornigera* 'Goldener Turm'）或是具有橘色苞片的圓苞大戟（*E. griffithii* 'Dixter'與'Fireglow'）都十分合適。這兩種植物都喜好新鮮、養分豐富的土壤，後者的葉片甚至會蜷曲萎縮，藉以作為防寒措施。而常綠大戟（*E. characias*）則能夠忍受更為乾燥的環境（在有防寒措施與防冬曬的情況下）。此外，在具有良好透水性的土壤的乾燥花園中，黃戟草（本圖片，*E. myrsinites*，10公分高）、西格爾大戟亞種之一的（*E. seguieriana subsp. niciciana*，70公分高），和容易長出匍匐莖、細葉的歐洲柏大戟（*E. cyparissias*，30公分高）都十分適合種植，而這三種植物都多少帶有點灰色的葉子。

Fatsia japonica
八角金盤（Zimmeraralie）

從它的德文名字（Zimmeraralie，意思是房間裡的椶木）來看，其實並不鼓勵大眾在戶外嘗試種植這種植物。然而這種源自於日本與韓國的照葉林區域的常綠植物，其實遠比大眾所想的還要強壯：它甚至可以在短時間內忍受零下15°C的環境，葉子卻不受任何傷害。對它來說，最大的危險其實不是溫度，而是凍旱。如果它在長時間的霜凍期中直接受太陽曝曬的話，即使只是零下幾度也會死亡。也因此在中歐地區建議將它種植於受保護、半遮蔭的環境中（最理想為完全接觸不到冬天的陽光）。透過厚實的樹葉層，理應可以避免土壤被嚴重凍傷。除了它那具有裝飾性、亮綠色的掌狀深裂葉，八角金盤秋天所開出的白色圓錐花序也是它的裝飾性特徵之一。此外，它的花朵與常春藤的花朵十分類似，這點也很合理，因為它們都屬於五加科。在理想的環境條件之下，這種很少分枝、但擁有許多主幹的植物可以生長達3～5公尺。

Ficus carica
無花果（Echte Feige）

在中歐的花園中，無花果是最受歡迎的地中海灌木之一，儘管在那些花園中它仍然經常被做為盆栽植物種植。雖然它的發源地已經不可考，不過據推測它是源自於東南亞。在現存的無花果品種之中，有分為可食用與不可食用的果實，也就是所謂的聚花果與瘦果。這棵落葉小喬木如果經過移植可以生長至5～10公尺，而在歐洲許多受保護、冬暖的環境中，無花果其實也可以達到這樣的高度（其分布位置最東北位於波羅的海中間的博恩霍爾姆島〔Bornholm〕！）。與大眾所想的不同，極端的乾旱、太陽突然地劇烈曝曬與空氣乾燥，這些氣候條件無花果其實都無法適應良好，也因此一個半遮蔭的環境是最適合它的。在極度寒冷的冬天過後，發育中的無花果會從基部重新長出嫩枝，但如果在樹幹周圍設置約1公尺高的圍欄，並且在裡面填滿稻草、木柴與樹葉，就可以盡量避免它二次劇烈受凍。

Firmiana simplex
梧桐（Chinesischer Sonnenschirmbaum）

即使是異國風愛好者，也鮮少有人認識梧桐，由於中國林業的使用，因此這種喜光、嗜熱的植物分布十分廣泛，但也因此無人知曉，究竟哪裡是它真正的故鄉了。它那巨大的葉子特別搶眼，也與枇杷（*Fatisa japonica*）和通脫木（*Tetrapanax papyrifer*）的葉子十分類似。在豔陽高照與乾燥的日子裡，它的外貌就如同一把折疊陽傘（其德文名字的由來！）。此外，它身上的黃色秋裝也不容忽視。在理想的環境條件下，這種樹木可以生長達20公尺高，不過透過定期修剪（矮林作業）或是結霜也能使這種植物保持更低矮的姿態，看起來也更像灌木，也因此使它幼齡時期純綠色的嫩枝和主幹更為突出。梧桐能夠忍耐零下13°C甚至更低的環境，但它那敏感的葉芽就不是這麼一回事了。在受損的情況下，會觸發它不定芽的生長，讓它本來就已經稍晚的發芽時間，會從五月延到六月。

Gunnera manicata
巨人大黃（Mammutblatt）

這種草本植物擁有世界上最大的葉子（直徑可達2公尺）和十分粗壯的葉柄，它幾乎是所有熱帶風情的花園中的必備植物，然而，想要成功養植它也需要有一個特定的環境。這種植物源自於巴西的山林，分布在具有豐富養分的深厚土壤和空氣濕度高的沼澤地中。穩定的濕氣是這種植物生長期間的必備要素，也因此必須確保充足的水分灌溉。

然而，這種熱帶植物在冬季需要被特別保護，透過多層的木柴與樹葉覆蓋層可以保護它們，因為這樣的一個覆蓋層可以防止水分滲透。為了阻擋晚霜的危險，也應該要使用纖維網來作為短期的防護措施。此外，它在發芽期間對於乾燥空氣與強烈曝曬很敏感。定期施以堆肥或有機肥料可以確保它攝取所需的養分。

Hakonechloa macra
知風草（Japangras）

知風草分布在日本本州野外的潮濕林緣、岩石海岸地段與河岸的岩縫中，不過，其實它在它的家鄉也很罕見。因為在日本的園藝文化中，葉子色彩斑斕的栽培種是主要的熱門植物。自千禧年以來，知風草在美國首次打開知名度之後，歐洲也越來越多人運用它了。它透過短短的匍匐莖就形成了一座茂密的樹叢，而這座樹叢經過反覆種植後彷彿形成了一塊密集的、單向的樹葉地毯。通常知風草與其他植物一起種植時高度很少超過70公分，但是在獨立種植時可以生長至1公尺甚至更高。其葉子一直到十一月都還能呈現同樣水準的淺綠色，接著轉變為生動活潑的橘色，於是它在冬季中較溫暖的天氣中又能夠再次完全施展拳腳。知風草在沙質的腐殖土壤中生長的特別地好，而且發育良好的植株也能夠輕鬆地克服長時間的乾旱期。其品種之一的"Aureola"具有黃綠條紋的葉子，而"Allgold"則完全是金黃色的品種。

Hesperaloe parviflora
紅絲蘭（Kleinblütige Westliche Aloe）

這個原產於德克薩斯州與相鄰的墨西哥各州的物種在北美被稱為「紅絲蘭（Red Yucca）」。當然，這也很合理，因為它具有紅色的花朵，大部分葉子也呈現絲狀，其葉尖還帶有棘刺。而它在環境條件的要求方面也與王蘭很類似：充足的日照與良好的排水是不可少的必要條件，也註定了它們適合被種植在碎石地與屋頂上的旱生植栽中。其常顯現咖啡色調的葉子垂拱著掛在大型盆栽邊緣也特別地具有裝飾性（本圖片）。其栽培種的花大多為紅色，其中也有少部分是黃花品種，不過它們同樣都具有高達2.5公尺的花序，只要環境中的溫度與日照充足，自3～5年的植株年齡開始，這些花序就會定期在六月至八月之間開花。「紅絲蘭」甚至能夠在零下25°C的環境中存活，尤其是冬天濕度不高的大陸地區。

Heuchera
礬根屬（Purpurglöckchen）

一直到幾年前，人們還在栽培紅花品種的珊瑚鐘（*Heuchera sanguinea*）以及透過它所培育出的 H. × brizoides。在這期間也有其它新的物種作為商業使用，其中充滿了數不盡的雜交品種，而通常它們的葉子都十分絢麗。所有的礬根其實都源自於北美洲，大部分出沒在疏林中，但也有少數分布在乾燥的峽谷或是山岩的北面（比如前面提到的H. sanguinea）。也許正是因為透過來自不同背景的物種之間進行交配培育，如今才會產生某些特別強壯也具有高度適應力的雜交種（因此常被運用在垂直綠化當中）。除了葉革質的小葉品種之外，也存在像是楓葉礬根（*H. villosa*，本圖片）與它的變種，其中某些品種的葉子特別大，或是夏天花序特別多，也很適合種植在具有熱帶氛圍的樹蔭下。

Indocalamus tessellatus
箬竹（Riesenblattbambus）

竹子經常會與直立、高大的草類植物結合在一起，並且共同創造一種莖與葉之間的有趣互動。箬竹（*Indocalamus tessellatus, Syn. Sasa tessellata*）的葉子特別寬大，與一般竹類不同，它透過匍匐莖不斷地擴張，藉以展現出它的優勢。儘管因為它那強壯的體質使它很少作為商業使用，不過也是有一些（未命名的）品種與本圖片中的生長情況不同，明顯可以生長超過1.2公尺高。當它生長在合適的環境時（具有足夠的新鮮土壤、養分充足、半遮蔭和避風的環境），它的葉子就會生長得十分茂密，甚至讓人看不清它的莖在哪裡。箬竹一但扎根就可以在低至零下18°C的環境中生長；在冬天所損失的葉片在初夏時又會重新補上。然而，在種植前也必須考慮其繁殖的速度，並且以適當的植被屏障來減緩。此外，當它在平地上種植時，只要在其中穿插種植一些樹木，就會散發出特別吸引人的魅力。

Magnolia（大葉品種）
木蘭屬（Magnolien）

人們喜愛木蘭主要是因為它的花朵。其中大葉的落葉品種幾乎為所有花園增添了熱帶氣息。然而它所具有的觀葉性質卻很少人注意到。源自美國南部的傘木蘭（*Magnolia tripetala*）生長在富含養分與濕氣的山谷之中，並且在這裡以多枝幹的大型木本植物的形式出現。其淺綠色的葉子最長可以生長至70公分，而這些匯聚在枝頭的葉子看起來像極了一把傘，引人注目的還有它那亮紅色毬果狀的果實。然而，無論是高度（可達30公尺）還是葉子大小（可達一公尺），傘木蘭都被大葉木蘭（*M. macrophylla*）所超越，而大葉木蘭同樣也分布在美國東部的森林中。同樣十分強壯的品種是來自日本的日本厚朴（*M. hypoleuca*），雖然相較之下它的葉子稍微小了一點。而比較少在市面上看見的厚朴（*M. officinalis*）則來自中國，它也被視為是一種具有觀葉性質的木蘭。前面提到的所有物種都偏好少風的環境，而當它們處於生長期時，乾旱與高溫都有可能導致它們的葉片產生不美觀的損傷。

Musa basjoo
芭蕉（Japanische Faser-Banane）

源自於中國南部的芭蕉最早被歐洲人在日本發現，不過當時在日本它已經被作為園藝植物種植很久了。這種草本植物的葉鞘肥厚互抱成假莖，其之上則座落一片片的巨大葉子。它通過栽培也會開花，只不過在溫帶氣候中它（無法食用）的果實無法成熟。此外，它也被視為最耐寒的香蕉品種，只要對它的塊莖實施足夠的保護措施，它就能夠在中歐地區長久生存。雖然它的葉子在零下幾度之內就會立刻受凍，但透過養分豐富、夏季濕潤的土壤基質，和日照溫度足夠的受保護環境，在初夏時它又會生長出新的強壯嫩芽來彌補它的損失，不過這也是為什麼芭蕉在副熱帶地區普遍的生長高度為六公尺，但是在中歐卻通常只能達到一半。這裡也建議在深秋時可以將芭蕉修剪至1公尺高，將葉子倒在剩下的莖桿之間，最後再覆蓋上一層防水布。

Nassella tenuissima
墨西哥羽毛草（Mexikanisches Fiedergras）

這種植物在德文之中又被稱為釘子草、天使的毛髮或是窈窕羽毛草，近年來可以說是幾乎沒有任何草類植物與它一樣受歡迎。它那如頭紗般在風中搖曳的花序與果序，和細如髮絲般的莖與葉鞘賦予了這種草類植物獨特的印記。這種植物主要分布在美國西南部的州份一直到巴塔哥尼亞（Patagonia）地區，並且主要生活在半沙漠地區與岩原地區之中。羽毛草只要生活在越乾燥的環境中就能活得越久。然而，在氣候較為潮濕的中歐氣候之中，也已經開始持續出現授粉豐富的物種，它們主要生活在沙地中步道鋪面的連接處。此外，將它種植在具有排水良好的土壤基質的碎石子地或是多肉植物花圃也是種替代方案。無論如何，對它生長最有幫助的還是一個日照充足的環境。除了只以墨西哥羽毛草為主的大範圍植栽之外，它也很適合與結構性發達的草本植物、球根花卉、多肉植物與小灌木一起搭配出對比強烈的氛圍。

Opuntia
仙人掌屬（Feigenkaktus, Opuntie）

仙人掌屬植物的特徵之一是它那獨特扁平的嫩莖，它主要分布在北、中與南美洲，但是它的分布範圍並不只局限於熱帶或是副熱帶區域，還包括了溫帶地區，其中最耐寒的品種與許多自然雜交種則出現在加拿大與美國。其中包含了例如地衣狀的脆皮仙人掌（Opuntia Fragilis），它原產於沙丘和稀疏的草地，通常很少生長超過10公分高。只要將它種植在透水性良好的土壤中，甚至不需要做任何防雨措施。恰恰相反的是，如果想要促進它大量開花，春天種植時反而要維持足夠的濕度。修羅仙人掌（O. polyacantha）的生長高度則高了一點點，而開花與結果豐富的刺梨仙人掌（O. phaeacantha）則可以生長至40公分高，這種植物主要分布在凱薩斯圖爾（Kaiserstuhl）的野生植被中。而某些天人團扇（O. engelmannii）的衍生品種則屬於最大的耐寒仙人掌種類之一，高度足足有60公分。由於仙人掌的鉤刺，與幾乎看不見的倒刺短毛十分危險，因此在移植的時候仍然需要特別小心。

Persicaria (Bistorta)
春蓼屬（Knöterich）

多年生的春蓼家族種類十分繁多，如今它包含了好幾個種類，有在公分範圍內的低矮種類，也有高達4公尺的高大種類。他們普遍被認為是容光煥發的強壯物種，但偶爾也因為匍匐莖的形成與授粉的行為讓人有點困擾。近年來在園藝文化中，具有搶眼的花朵，且花季長的抱莖蓼（*Bistorta amplexicaule*）已經牢牢地佔有一席之地。其中也有許多品種很適合熱帶氣氛的花園，例如小頭蓼（*Persicaria microcephala*），透過它也產生了許多同樣具有熱帶特質的栽培種。其中包括了紅龍蓼（"*Red Dragon*"，本圖片；紅葉，葉中央為深色配上淺色的外框），或是"*Purple Fantasy*"（綠葉、深綠色的箭形配上淺色的外框），它們在年尾綻放的白色花朵更豐富了這一切。理想的種植環境為一個全遮蔭至半遮蔭的環境，和新鮮濕潤的腐土壤。此外，在寒冷的年份中這種植物也會受到寒害，而厚實的樹葉覆蓋層就是最好的預防方法。

Phyllostachys
孟宗竹屬（Flachrohrbambus）

如今有許多種孟宗竹屬植物正在栽培中，其中大部分的品種都是直立生長，也會生長出匍匐根莖（縮小扎根面積！）。最著名的代表性品種為來自中國的烏哺雞竹（*P. vivax*），在中歐地區它也能夠生長至6公尺甚至更高。但更常出現的品種其實是栽培種黃桿京竹（"*Aureocaulis*"），它那黃色的強壯竹節甚至可以生長至10公分粗。總體來說金鑲玉竹（*P. aureosulcata fo. Spectabilis*）屬於尺寸較小的品種，而它的竹節直徑可以生長至4公分。此外，非常受歡迎的黑竹（*P. nigra*）具有幾近全黑的竹節，它根據種植的環境可生長至3～6公尺不等（其典型的黑色竹節要等到種植後的第二年才會開始顯現！）。所有的孟宗竹屬植物都偏好全日照至半遮蔭的避風環境，和足夠新鮮濕潤、養分豐富（適度）的土壤。而為了提升竹節所創造的效果，應該要定期修剪密集生長的嫩枝，並且除去1.5～2公尺以下的樹葉。發育良好的孟宗竹可以忍受零下18°C甚至溫度更低的環境，只不過這樣的寒冬也有可能會損害它的樹葉。

Podophyllum
鬼臼屬（Maiapfel, Fußblatt）

鬼臼在德文中又被稱為足葉（*Fußblatt*），這個名字可能很多人都不熟悉，但叫它五月蘋果（*Maiapfel*）可能就知道了，這個名字一般被用在桃兒七（*Podophyllum hexandrum*，*Himalaya-Maiapfel*〔喜馬拉雅五月蘋果〕）和美洲鬼臼（*P. peltatum*，普通的五月蘋果〔*Gewöhnlicher Maiapfel*〕）身上，借指它們五月所開出的花朵與果實（不過要到夏末時才會成熟）。近年來有許多具有美麗或是奇特葉形的雜交種出現在市面上，例如"Spotty Dotty"與"Kaleidoscope"，它們的花也算漂亮，只不過與它們的葉子相比之下就沒那麼出彩了。更令人印象深刻的是八角蓮（*P. pleianthum*）與*P. versipelle*這兩個品種，在草本植物之中，它們那葉革質的葉片可以說是達到了一個不尋常的堅硬程度，而且還會隨著時間愈長愈大。由八角蓮（*P. pleianthum*）所延伸出的栽培種"Big Leaf"，其葉子直徑隨著年齡增長甚至可以超過80公分，植株本身也可以達到1.5公尺高。帶有史前氣息的鬼臼源自於東亞（除了北美的八角蓮），而它們偏好半遮蔭的環境以及富含腐殖質、足夠新鮮的土壤。

Rhapidophyllum hystrix
針棕櫚（Nadelpalme）

針棕櫚可能是最強壯的棕櫚樹種，它源自於美國的東南部，生長在部分為沼澤地的落葉林的樹叢中。它的德文名字之所以被取名為針棕櫚（*Nadelpalme*）並不是沒有道理的，因為它那一米高的莖充滿了許多長達25公分的黑色針狀棘刺（要注意！）。這種植物可以在零下20°C甚至溫度更低的環境中成長茁壯。在夏天時，它偏好具有濕潤空氣與土壤的環境，而在冬天時則偏好乾燥的環境。它的生長速度雖慢但株型緊湊，對於土壤養分含量的要求也比其他棕櫚樹種低。儘管針棕櫚原生於森林環境，棕櫚植物專家仍建議將它種植在日照充足的環境中，因為在這裡它能夠發展出一個強壯又茂密的灌木棲息地。在歐洲，老年針棕櫚的種植高度在幾十年之後也終於達到了2公尺以上，樹徑也更為寬大。這裡建議在種植針棕櫚的第一年可以透過樹葉覆蓋層採取簡單的防寒措施，待它長大之後，即使不做任何保護措施也能具有生存能力。然而，它只有在夠溫暖的環境中才會結出果實。

181

Rodgersia
鬼燈檠屬（Schaublatt）

如果想在草本植物王國中尋找具有觀賞性的大型草本植物，那就絕對不能錯過來自東亞地區、壽命長且具有原始氣息的鬼燈檠。鬼燈檠屬植物大部分在陰涼處作為觀葉草本植物，例如鬼燈檠（又名獨角蓮，*Rodgersia podophylla*），因為其葉子比較敏感，所以最好避免陽光直射，而除了它之外，其他的品種與栽培種在半遮陰的環境也十分有具有優勢，因為它們在那往往能開出更多花朵，這一點絕不容小覷。為了使生長緩慢的鬼燈檠達到最佳的生長狀態，一個更加舒適、富含養分與腐殖質的土壤非常重要，當然穩定的高度土壤與空氣濕度也一樣重要。透過一個專業團隊從草本植物的角度去評估一座花園，那麼這些觀察中的栽培種（大部分推測為雜交種）所帶來的成效就能夠完全說服大眾。此外也有新的栽培品種尚未經過試驗，但整體看起來仍然很有前途，因此要推薦合適的品種也很困難。

Sabal minor
短莖薩巴爾櫚（Zwerg-Palmettopalme）

多為灌木叢生的短莖薩巴爾櫚來自美國東南部（北卡羅來納州至路易斯安那州），它們也很少生長出地面上的枝幹。在短莖薩巴爾櫚的家鄉中，它主要生長在潮濕至多雨的落葉林的底層樹叢中，其生長高度大多落在1～3公尺。那裡的夏天大多熱且悶，冬天卻又更乾燥，在某些環境中甚至明顯更加寒冷。在中歐地區，有些植株已經可以在零下20°C的環境中短暫存活，不過它的葉子從零下10°C開始就會受到損傷。在長達數週的霜凍期中只有透過防寒措施（覆蓋層）才能提高它的耐受度。其應種植在日照充足或是半遮陰，且最好是溫暖的環境中（理想狀況是將它種植在可以儲存熱能的牆壁背面）。這裡也建議將它種植在不要太厚的腐殖土壤中，因為這裡在夏天多具有足夠的濕度（必要時配合灌溉）。此外，緩慢生長的短莖薩巴爾櫚大約可以在十年之後開第一次花，並形成能夠在中歐地區發芽的種子。

Soleirolia soleirolii
嬰兒淚（Bubiköpfchen）

對於很多人來說，將嬰兒淚用在戶外植栽是一種不尋常的想法，然而，其實在德國魯爾區已經有很多野生的嬰兒淚在大自然中存在。這種草本植物最初源自於薩丁尼亞島（Sardinien）與科西嘉島（Korsika），它透過它那玻璃狀、在地面上攀爬或是懸浮在地面上的莖，和極小的常綠葉在地面上很快地形成一張茂密的平坦地毯。它偏好一個濕氣高的半遮蔭至全遮蔭環境，也因此非常適合與陰生蕨類一起搭配。此外，很少有植物像它一樣可以在日照極少的情況下生存，其淺綠色的葉子即使在最暗的角落中也彷彿能夠透出光芒。嬰兒淚不管是在富含腐殖質的森林土壤中、碎石頭與岩石的縫隙中，又或是在牆壁或石階中一樣都能夠很好地生存。在長達數日或是極端的嚴寒來襲後，它的表面會被凍結，但是它又能夠在受保護的環境中很快的再生，例如在縫隙中。此外也存在著某些具有黃綠色葉子或是白色葉緣的栽培種。

Tetrapanax papyrifer
通脫木（Reispapierbaum）

通脫木的白色髓心過去曾被用來造紙，而它源自於中國以及周邊國家副熱帶區域中的疏林與林緣。它可以在它的家鄉中生長至3～5公尺高，但是在歐洲的園藝文化中則無法達到這樣的高度。其花圈似的葉片類似於棕櫚樹，只會生長在枝頭上。其主要裝飾性的特點是它那長達60公分以上的巨大葉子，在市場上也存在著許多葉片深裂程度不一的複製品種。其尚未木質化的年輕莖部，具有毛茸茸、光滑柔軟的特徵，這是由星狀毛所組成的塗層所變化來的。此外，通脫木必須在半遮蔭至全遮蔭的環境中種植，如果是在全日照的環境中就必須維持高度的土壤濕度才能提高它的耐受度。理想的種植環境是在樹木底層、具有更多豐富養分且更為濕冷的森林土壤。當然，在那些冬季不會低於零下5°C的地方也不需要防寒措施了。在零下15°C之前，一個高度足夠的樹葉覆蓋層可防止它受凍，而發育中的植株再生能力也十分良好。

Trachycarpus
棕櫚屬（Hanfpalme）

棕櫚樹（德文譯名為中國棕櫚，*Trachycarpus fortunei*）是我們在溫帶地區中最常看見的「耐寒」棕櫚樹種，而它的體態相對纖細，能夠生長至10公尺高。據推測它源自於中國東部或是中部的山林中。它對於環境條件的要求相對較少，不論是在大太陽下或是在遮蔭環境中都可以生長茁壯。只要它能夠獲取足夠的養分與水分，它的樹幹就能在短短一年之內生長至直徑30公分粗，也因此它屬於生長快速的棕櫚樹種之一。在歐洲，只要它生長在合適的環境之中就能夠開出花朵，並且結出肥沃的果實。然而，它葉子所具有的抗風能力有限，這也是為什麼普遍建議將它種植在受保護的環境之中。在這方面表現地更為強壯的是它的親屬T. wagnerianus，其葉片明顯地更為堅硬。這兩種棕櫚樹普遍都被認為具有足夠的耐寒性，最低溫的生長環境可以來到零下15°C，不過樹齡和種植地點也都有很大的影響。從零下10°C開始它們的葉子就會開始受到損傷，不過發育中的棕櫚樹可以很快地從中恢復。

Woodwardia unigemmata
生芽狗脊蕨（Kettenfarn）

生芽狗脊蕨（*Woodwardia unigemmata*）是最壯觀的狗脊蕨屬植物之一，它的葉子不只能生長超過1.5公尺長，而且還能蛻變成紅色或是銅色（視品種而定）。該物種源自於東南亞，並且出現在那裡的森林和林緣之中，且一扎根就具有驚人的耐寒能力。不過隨著長時間的嚴寒它的葉子也會開始慢慢掉落，這樣一來這種蕨類植物來年又要辛苦地重新生長，也因此很難達到它在冬季溫暖的區域中的生長大小。這裡建議以一層結實的樹葉覆蓋層作為防寒措施，並將其覆蓋在幼芽之上。夏天時土壤絕不能乾燥，冬天則一定要注意潮濕。此外，將它們種植在坡地上或是略高的地勢中可以幫助它們生長，也同樣有助於表現它們那雄偉的葉片。與這張圖片中所透露的不同，生芽狗脊蕨其實偏好養分豐富、富含腐殖質的土壤，而一個避風的、溫暖的半遮蔭環境則非常適合它們。

Yucca
王蘭屬（Palmlilie）

王蘭是一種對於環境條件要求低的耐旱植物，不過它們的耐寒能力卻時常被低估。它們來自北美洲與中美洲，並且主要分布在半沙漠區域，偶爾會出現在乾燥的草原或是疏林中。天冬門科植物經過數十年的生長，根據不同種類會生長出短小或是令人印象深刻的莖幹，有些還甚至完全沒有莖幹，此外，部分品種還具有奇特的分枝方式。其堅硬的葉子大多數以螺旋狀叢生，葉尖則成刺狀。其花序為圓錐花序，開出的花多為乳白色，且只在熟齡植株中出現。關於授粉，王蘭（Yucca）則仰賴一種不存在於歐洲的蛾類。其中特別受歡迎的品種為幹生的、藍灰葉的喙絲蘭（Y. rostrata）。而幹生品種之一的Y. faxoniana，則具有極其堅硬的綠色葉子，其甚至可生長至1公尺長，再更小的品種則有Y. recurvifolia。所有的王蘭屬植物都需要充足的陽光、排水良好的礦物質土壤，以及對冬季濕氣的防護措施。

Zingiber mioga
蘘荷（Japan-Ingwer）

蘘荷在德文中又被稱為日本薑，為薑科植物之一，它是一種與日本傳統淵源極深的栽培與園藝植物；從帶有熱帶氣息的葉子，到夏末時開始在土地上綻放的花朵（淺黃色至粉紅色），再到它深秋所變出的葉子色彩戲法，其一年四季之中散發出了許多截然不同的魅力。它的頂端生長著珊瑚紅色的肥美果實，可惜只有源自中國、生長力較強且開花較豐富的品種才會定期結出這些果實（注意產地！）。該物種源自於中國、韓國與日本中的大部分區域，生長在林緣和峽谷之中，而生長高度大約為1～2公尺，不過關於它的冬季耐寒性目前還沒有什麼資訊。在德國適合釀製葡萄酒的氣候中，栽培的蘘荷被厚實的葉子覆蓋層所保護著，然而它那分枝豐富的地下莖五月就會開始萌芽，且幾乎不受任何損害。此外，種植它的土壤應含有腐殖質且具有透水性，夏天時千萬不能乾枯，相反地冬季的濕氣也十分危險。此外，蘘荷只能夠忍受短暫的日照時間，因此最好將它種植於半遮蔭的環境中。

垂直綠化的市場已整裝待發，並且提出許多不同的概念。由福斯特園藝Forster Baugrün AG所提供，鍍鋅鋼構件所組成的模組，經過這15年來的發展已經被運用在許多不同的設計中。雖然在系統安裝的層面來說它的確要價不菲，不過在後續的維護成本方面它卻具有相當大的優勢。它的另外一個優點是強大的蓄水能力，即使在灌溉系統短暫故障的期間也可以維持綠化系統的運作。（伯恩〔Bern〕火車站，瑞士）

附録

地址

建築師與設計師

In Situ – Atelier de Paysage & D'Urbanisme
8 Quai Saint Vincent
69001 Lyon (Frankreich)
www.in-situ.fr

Arnaud Maurières & Eric Ossart
www.maurieres-ossart.com

Camille Muller
Paysagiste
211 Rue du Faubourg Saint-Antoine
75011 Paris (Frankreich)
www.camillemuller.com

Studio Vulkan Landschaftsarchitektur
Vulkanstrasse 120
8048 Zürich (Schweiz)
www.studiovulkan.ch

Gabriella Pape & Isabelle Van Groeningen
Königliche Gartenakademie
Altensteinstraße 15a
14195 Berlin-Dahlem
www.koenigliche-gartenakademie.de

Tita Giese
Pflanzenprojekte
Grunerstraße 24
40239 Düsseldorf
www.tita-giese.com

Andreas Wiedmaier
Lebendige Gärten
Merzhauserstraße 145 b
79100 Freiburg
www.wiedmaier-garten.de

Piet Oudolf
Garden and Landscapes
Broekstraat 17
6999 DE Hummelo (Niederlande)
www.oudolf.com

Atelier Le Balto
Auguststraße 69
10117 Berlin
www.lebalto.de

Gilles Clément
213 Rue du Faubourg Saint-Antoine
75011 Paris (Frankreich)
www.gillesclement.com

Patrick Blanc
www.verticalgardenpatrickblanc.com
Gillepies

Landscape Architecture and Urban Design
1 St John's Square
EC1M 4DH London (England)
www.gillespies.co.uk

Stefano Boeri Architetti
Via G. Donizetti 4
20122 Mailand (Italien)
www.stefanoboeriarchitetti.net

Studio Laura Gatti
Via L. Muratori 46/9
20135 Mailand (Italien)
www.lauragatti.it

Christian Meyer
Garten- und Bepflanzungsplanung
Bleibtreustr. 3 VH
10623 Berlin
www.buero-christian-meyer.de

JAP – Jourda Architectes Paris
1 cité Paradis
75010 Paris
www.jourda-architectes.com

Diener & Diener Architekten
Henric Petri-Strasse 22
4010 Basel (Schweiz)
www.dienerdiener.ch

Fahrni und Breitenfeld
Landschaftsarchitekten
Birsstrasse 16, 4052 Basel (Schweiz)
www.fahrnibreitenfeld.ch

Ganz Landschaftsarchitekten
Grubenstrasse 45
8045 Zürich (Schweiz)
www.ganz-la.ch

Peter Kunz Architektur/Atelier Strut
Neuwiesenstrasse 69
8400 Winterthur (Schweiz)
www.strut.ch

Herzog & de Meuron Basel Ltd.
Rheinschanze 6
4056 Basel (Schweiz)
www.herzogdemeuron.com

August + Margrith Künzel
Landschaftsarchitekten AG
Schweissbergweg 34
4102 Binningen (Schweiz)
www.august-kuenzel.ch

Ingold Gartenbau und Begrünungen AG
Redlisbergstrasse 11
8966 Oberwil-Lieli (Schweiz)
www.ingold-gartenbau.ch

Forster Baugrün AG
Kerzersstrasse
3210 Kerzers (Schweiz)
Tel. +41 317556707

Future Green Studio
18 Bay St, Brooklyn
NY 11231 (USA)
www.futuregreeenstudio.com

Holmberg & Strindberg Trädgårdskonsulter
Vitmossegatan 11
43169 Mölndal (Schweden)
www.holmbergstrindberg.n.nu

Nigel Dunnett
www.nigeldunnett.com

綠化系統供應商

Vertiko GmbH
Vertikalbegrünungskonzepte
Ringstraße 22
79199 Kirchzarten
www.vertiko-gmbh.de

Forster Baugrün AG
Kerzersstrasse
3210 Kerzers (Schweiz)
Tel. +41 317556707

Skyflor
Creabeton Matériaux AG
Busswilstrasse 44
3250 Lyss (Schweiz)
www.skyflor.ch

植物供應商

Rent-A-Tree by H. Lorberg
Baumschulenerzeugnisse GmbH & Co. KG
Am Fuchsberg 2–4
12529 Schönefeld OT Kleinziethen
www.lorberg.com

Kakteengarten
Lange Mauer Str. 9
86732 Oettingen
www.kakteengarten.de

Palme Per Paket
Tobias W. Spanner
Am Schnepfenweg 57
80995 München
www.palmeperpaket.de

Der Palmenmann GmbH
Merklinder Str. 150
44577 Castrop-Rauxel

www.palmenmann.de

延伸閱讀

Becker, A. & Cachola Schmal, P. (Hrsg.): Stadtgrün
– Europäische Landschaftsarchitektur für das
21.Jahrhundert. Birkkhäuser, Basel 2010.

Blanc, Patrick: Vertikale Gärten. Die Natur in der
Stadt. Ulmer Verlag, Stuttgart 2009.

Boeuf, Thomas: Yucca & Co. – Winterharte
Wüstengärten anlegen und pflegen. Medemia,
Berlin 2005.

Groult, Jean-Michel: Grüne Wände selbst gestalten.
Vertikale Gärten für Ihr Zuhause. Ulmer Verlag,
Stuttgart 2010.

Kolb, Walter: Dachbegrünung. Planung, Ausführung,
Pflege. Ulmer Verlag, Stuttgart 2016.

Strähler, Mario & Spanner, Tobias W.: Winterharte
Palmen – In Mitteleuropa erfolgreich auspflanzen,
pflegen und überwintern. Medemia, Berlin 2007.

Sukopp, Herbert & Wittig, Rüdiger (Hrsg.):
Stadtökologie – Ein Fachbuch für Studium und
Praxis. Gustav Fischer, Stuttgart 1998.

感謝

我想要對所有的建築師、規劃師與植物維護公司
說聲謝謝，是他們對工作的付出，才讓我得以
完成本書。我想特別提到其中幾個人，Arnaud
Maurières、Tita Giese、Véronique Faucheur以及
Marc Pouzol (Atelier Le Balto)，這期間我與他們密
切地聯繫，雖然我們有時持有不同意見，但是我
們仍然一同完成了具有啟發性的交流。

我要特別感謝所有為書中設計案例提供照片的
攝影師，尤其是Yann Monel，他讓我有機會接
觸許多位於巴黎的設計案。另外也十分感謝Ingo
Kowarik、Dietmar Brandes與Roger Ingold，他們
花了許多時間參與我的訪談與「瑞士巡禮」。

感謝幫我校稿的Kirsten Unshelm與Renate Reif。
在Ulmer出版社之中，我由衷地感謝Michael
Finkbeiner、Volker Hühn與Antoine Isambert，他們
協助了這本書的問世。

當然，最大的感謝還是要獻給我的家庭，他們給
了我極大的自由空間，讓我用超過一年的時間來
撰寫這本書，並且造訪本書中幾乎所有名列的設
計案例。

圖像來源

除了以下照片外，其他照片均由作者拍攝：

Anton Foltin/Shutterstock.com: p. 39左下圖

Arup: p. 18下圖

Becker, Jürgen: pp. 9 右下圖, 1340/135, 136, 137, 138 左圖, 138/139

Bingham-Hall, Patrick: pp. 20, 25左上圖, 25左下圖, 25 右上圖, 25右下圖, 26, 27

Bucher, Kirsten: p. 71

Callebaut, Vincent: p. 19

CCParis/Shutterstock.com: p. 153

Cionci, Laura: p. 72/73

Creabeton: p. 58, 59

Dunnett, Nigel: p. 106, 107, 108左上圖, 108/109 上圖, 108左下圖, 108右下圖, 109下圖

Fischer, Roland: p. 18右上圖.

Herfst, Walter: pp. 160, 161

ibreakstoc/Shutterstock.com: pp. 22/23

Isaac Mok/Shutterstock.com: p. 24

JCDecaux: p. 18右中圖.

Kühn, Norbert: pp. 52上圖, 52右下圖., 52左下圖.

lexan/Shutterstock.com: p. 17左下圖.

Lohe, Mascha: pp. 46/47, 48/49

Luperto, Claudia: pp. 60, 61

Maurer, Paul: p. 17右下圖.

mauritius images: pp. 8下圖, 12/13, 17右上圖, 39上圖, 80/81, 92, 93, 166 右圖, 172 左圖, 172 右圖, 175 右圖, 181右圖.

Mona Holmberg & Ulf Strindberg: p. 146

Monel, Yann: 封面頁, U4, pp. 6/7, 9左上圖, 14, 17左上圖, 66, 67, 68右圖, 84, 86左上圖, 86下圖, 86/87, 88, 89, 90左上圖, 90右上圖, 91上圖, 94/95, 96, 97, 100, 101, 113, 114/115, 142

nacroba/Shutterstock.com: pp. 8上圖, 64/65

Nürnberger, Sven: p. 185右圖.

oceanfishing/Shutterstock.com: pp. 34/35

Pershing Hall Hotel: p. 83

Pirc, Helmut: pp. 104上圖, 104 下圖, 105上圖

Ranck, Christian: p. 36

Schmidt, Cassian: pp. 40, 41

Schmidt, Stefan: p. 105下圖.

Tenwiggenhorn, Nic: pp. 62/63

Van Groeningen, Isabelle: p. 121

Vertiko GmbH: p. 56左圖.

Virieu, Claire: pp. 116, 117

Wikimedia Commons/Public Domain: p.16

Wikimedia Commons/Public Domain/GNU Free Documentation License: p. 10

常綠城市
地價高漲與氣候變遷下，都市景觀綠化的設計規劃及實踐案例

作者　喬納斯‧萊夫 (Jonas Reif)
譯者　柯有遠
責任編輯　楊宜倩
美術設計　莊佳芳
版權專員　吳怡萱
編輯助理　黃以琳
活動企劃　嚴惠璘

發行人　何飛鵬
總經理　李淑霞
社長　林孟葦
總編　張麗寶
副總編輯　楊宜倩
叢書主編　許嘉芬

出版　城邦文化事業股份有限公司 麥浩斯出版
E-mail　cs@myhomelife.com.tw
地址　104台北市中山區民生東路二段141號8樓
電話　02-2500-7578

發行　英屬蓋曼群島商家庭傳媒股份有限公司城邦分公司
地址　104台北市中山區民生東路二段141號2樓
讀者服務專線　0800-020-299（週一至週五上午09:30～12:00；下午13:30～17:00）
讀者服務傳真　02-2517-0999
讀者服務信箱　cs@cite.com.tw
劃撥帳號　1983-3516
劃撥戶名　英屬蓋曼群島商家庭傳媒股份有限公司城邦分公司

總經銷　聯合發行股份有限公司
電話　02-2917-8022
傳真　02-2915-6275

發行　香港發行 城邦（香港）出版集團有限公司
地址　香港灣仔駱克道193號東超商業中心1F
電話　852-2508-6231
傳真　852-2578-9337
E-mail　hkcite@biznetvigator.com

發行　馬新發行 城邦〈馬新〉出版集團
地址　Cite (M) Sdn.Bhd. (458372U)
　　　41, Jalan Radin Anum, Bandar Baru Sri Petaling,
　　　57000 Kuala Lumpur, Malaysia.
電話　603-9056-3833
傳真　603-9057-6622

製版印刷　凱林彩印股份有限公司
版次　2020年11月初版一刷
定價　新台幣980元

Original title: CityTrop: Projekte und Pflanzen für grünere
Städte von morgen
© 2017 Eugen Ulmer KG
All rights reserved.

This Traditional Chinese translation edition is published in
2020 by My House Publication, a division of Cité Publishing Ltd., arranged through Rightol Media
（本書中文繁體版權經由銳拓傳媒取得Email:copyright@
rightol.com）

國家圖書館出版品預行編目(CIP)資料

常綠城市：地價高漲與氣候變遷下,都市景觀綠化的設
計規劃及實踐案例 / 喬納斯.萊夫(Jonas Reif)著；柯有
遠譯. -- 初版. -- 臺北市：麥浩斯出版：家庭傳媒城邦
分公司發行, 2020.11
　　面；　公分
譯自：CityTrop：Projekte und Pflanzen für grünere
Städte von morgen.
ISBN 978-986-408-640-5(精裝)

1.都市綠化 2.都市計畫 3.景觀工程設計

435.74　　　　　　　　　　　　109014957